PROBLÈMES

CURIEUX

D'ARITHMÈTIQUE.

PROBLÈMES

CÚRIEUX

D'ARITHMÉTIQUE

OU ENIGMES HISTORIQUES

GÉOGRAPHIQUES, ETC.

RÉSOLUES PAR L'ARITHMÉTIQUE

et

FORMANT LA MATIÈRE D'ENVIRON 1200 PROBLÈMES

SUR TOUTES LES OPÉRATIONS DE CETTE SCIENCE

PAR H. LECERF

Ancien chef d'Institution à Bruxelles.

Ier VOLUME.

PRINCIPES, PROBLÈMES.

ARRAS

TYPOGRAPHIE H. SCHOUTHEER

RUE DES TROIS-VISAGES.

1866

PROBLÈMES

CURIEUX

D'ARITHMÉTIQUE.

CLEF DES PROBLÈMES.

Pour faciliter l'intelligence de ces problèmes nous allons énoncer les principes généraux sur lesquels repose leur solution.

Nous commencerons par indiquer la valeur des signes abréviatifs dont nous nous sommes servi et par expliquer les conventions relatives à cette nouvelle espèce de problèmes.

1. Les principales abréviations sont:

Le signe $+$ qui se lit plus.

   »   —   »   moins.

   » $\times$ »   multiplié par.

   » $:$ »   divisé par.

   » $=$ »   égale ou égal à.

2. CONVENTIONS: *A.* Chaque lettre de l'alphabet a pour valeur numérique le rang qu'elle occupe dans l'alphabet; ainsi :

$a, b, c, d, e,$	valent respectivement	1,	2,	3,	4, 5,
$f, g, h, i, j,$	»		6,	7,	8, 9, 10,
$k, l, m, n, o,$	»		11,	12,	13, 14, 15,
$p, q, r, s, t,$	»		16,	17,	18, 19, 20,
$u, v, w, x, y, z,$	»		21,	22,	23, 24, 25, 26.

B. Par la *somme des lettres* d'un mot on entend la somme de la valeur numérique des lettres qui composent ce mot ; ainsi la somme des lettres du mot *ange* n'est pas 4, mais bien $1 + 14 + 7 + 5 = 27$.

C. De même le *produit des lettres* d'un mot est le produit de la valeur numérique de chaque lettre multipliée l'une par l'autre; ainsi dans le mot *ange* le produit des 4 lettres est $1 \times 14 \times 7 \times 5 = 1 \times 14 = 14 \times 7 = 98 \times 5 = 490$.

D. Quand dans un même problème nous proposons la recherche de plusieurs mots, pour éviter la répétition de 1er mot, 2e mot, nous désignons le 1er mot par *A*, le 2e par *B*, le 3e par *C*, et ainsi de suite.

Principes sur les quatre opérations fondamentales des nombres entiers, des fractions décimales et des fractions ordinaires.

1. Connaissant la somme de deux nombres et l'un de ces deux nombres, pour trouver le deuxième on retranche le nombre connu de la somme.

Si l'on a $x + b = s$ on aura $x = s - b$.

» $\quad 9 + 6 = 15 \quad$ » $\quad 9 = 15 - 6$.

2. Connaissant la somme d'une quantité déterminée de nombres et tous ces nombres *moins un*, pour trouver ce nombre inconnu on fait la somme des nombres connus et on retranche cette somme de celle de tous les nombres. Le reste est le nombre cherché.

En effet, soit 95 la somme de 5 nombres, 4 de ces nombres étant: 17, 21, 14 et 19, j'aurai $x = 95 - (17 + 21 + 14 + 19)$ ou $x = 95 - 71 = 24$.

3. Si dans une soustraction nous appelons *diminuende* le plus grand des deux nombres proposés, celui qui doit être diminué, *diminueur* le plus petit, celui qui doit diminuer, qui doit être retranché du diminuende, et *reste, excès* ou *différence*, ou simplement *reste* le résultat de la soustraction, nous aurons:

a. *Diminuende* égale *diminueur* plus *reste*.

b. *Diminueur* égale *diminuende* moins *reste*.

c. *Reste* égale *diminuende* moins *diminueur*.

$a.\ \left\{\begin{array}{l} \text{Soient dim}^{\text{de}}\ x \\ \quad\ \text{dimi}^{\text{r}}\ 27\ \text{on aura}\ x = 27 + 19 = 46 \\ \hline \quad\ \text{reste } 19 \end{array}\right.$

$b.\ \left\{\begin{array}{l} \text{Soient dim}^{\text{de}}\ 46 \\ \quad\ \text{dimi}^{\text{r}}\ x\ \text{on aura}\ x = 46 - 19 = 27 \\ \hline \quad\ \text{reste } 19 \end{array}\right.$

$c.\ \left\{\begin{array}{l} \text{Soient dim}^{\text{de}}\ 46 \\ \quad\ \text{dimi}^{\text{r}}\ 27\ \text{on aura}\ x = 46 - 27 = 19 \\ \hline \quad\ \text{reste } x \end{array}\right.$

4. De ce que dans une soustraction la somme du diminueur et du reste est égale au diminuende, il résulte que la somme des trois nombres d'une soustraction est égale à deux fois le diminuende ; donc si d'une soustraction on ne connait que le *diminueur* et la *somme* du diminuende, du diminueur et du reste, on trouvera d'abord le diminuende en prenant la moitié de la somme et le reste en retranchant le diminueur du diminuende. Soit 47 le diminueur d'une soustraction, 124 la somme des trois nombres, la moitié de 124 ou 62 me donnera le diminuende, et $62 - 47$ ou 15 sera le reste ; en effet $62 + 47 + 15 = 124$ et $62 - 47 = 15$.

On pourrait résoudre ce problème d'une autre manière : en effet, 124 étant la somme des trois nombres, si on en retranche le diminueur 47 qui est connu, le reste 77 sera évidemment la somme du diminuende et du reste ; mais ce même diminueur 47 indique que le diminuende contient 47 unités de plus que le reste, autrement dit que pour rendre le diminuende égal au reste on doit lui retrancher 47 unités. Retranchant donc 47 de 77, le reste 30 est égal à deux fois le reste, qui sera par conséquent $30 : 2 = 15$, et le diminuende sera $47 + 15 = 62$.

5. Dans toute multiplication on peut intervertir l'ordre des facteurs sans changer le produit ; ainsi $5 \times 4 = 4 \times 5 = 20$, de même $4 \times 5 \times 6 = 4 \times 6 \times 5 = 5 \times 4 \times 6 = 5 \times 6 \times 4 = 6 \times 4 \times 5 = 6 \times 5 \times 4 = 120$.

6. Dans toute multiplication :

Le *multiplicande* est égal au produit divisé par le multiplicateur ;

Le *multiplicateur* est égal au produit divisé par le multiplicande ;

Le *produit* est égal au multiplicande, multiplié par le multiplicateur ; ainsi soit : $348 \times 204 = 71192$, on aura :

   348 multiplicande $= 71192 : 204$;

   204 multiplicateur $= 71192 : 348$;

   71192 produit $\quad = \quad 348 \times 204$.

7. Connaissant un produit de plus de deux facteurs et tous ces facteurs *moins un*, on trouvera ce facteur inconnu en divisant le produit de tous les facteurs par le produit des facteurs connus ; soit 33120 le produit de 4 facteurs : 12, 8 et 15 trois de ces facteurs, le 4e facteur égalera $33120 : (12 \times 8 \times 15) = 33120 : 1440 = 23$, donc 23 est le 4e facteur ; en effet, $12 \times 8 \times 15 \times 23 = 33120$.

8. Si d'une multiplication de deux facteurs, on ne connait qu'un de ces facteurs et la somme du multiplicande, du multiplicateur et du produit, pour trouver le produit et l'autre facteur il faut retrancher le facteur connu de la somme et diviser le reste par ce même facteur augmenté d'une unité, le résultat de cette opération donnera l'autre facteur, qui multiplié par le facteur connu d'abord donnera le produit.

Soit 36 un des deux facteurs d'une multiplication, 2034 la somme des deux facteurs et du produit ; si de 2034 on retranche 36, le reste 1998 sera la somme de l'autre facteur et du produit. Mais comme le facteur connu 36 indique que le produit doit être 36 fois plus grand que l'autre facteur, l'opération reviendra à partager 1998 en deux parties telles que l'une soit 36 fois plus grande que l'autre ; donc quand l'un aura 1 part, l'autre en aura 36. Je partage donc 1998 en 37 parties égales, ce qui me donne 54 pour résultat ; le second facteur sera donc 54 et le produit $36 \times 54 = 1944$.

Ce nombre 1944 aurait pu s'obtenir encore en retranchant 54 de 1998.

9. Dans toute multiplication quand on rend un facteur un certain nombre de fois plus grand, le produit devient ce nombre de fois plus grand et réciproquement quand on rend un facteur un certain nombre de fois plus petit, le produit devient ce nombre de fois plus petit.

10. Dans une multiplication de deux facteurs quand on rend chaque facteur un certain nombre de fois plus grand ou plus petit, le produit est rendu le carré de ce nombre fois plus grand ou plus petit ; ainsi soit $25 \times 4 = 100$.

Si je rends 25 et 4 trois fois plus grand, j'aurai $75 \times 12 = 900$ ou 100×9 ; en effet, 9 est le carré de 3.

11. Si dans une multiplication de deux facteurs on rend ces deux facteurs un nombre différent de fois plus grand ou plus petit, le produit sera rendu le produit de ces nombres fois plus grand ou plus petit ; soit encore $25 \times 4 = 100$.

Si je rends 25 trois fois plus grand et 4 cinq fois plus grand le produit sera rendu 3×5 ou 15 fois plus grand ; en effet, $75 \times 20 = 1500$ ou 15 fois 100.

12. Une division achevée représentant une multiplication dont le dividende est le produit et dont le quotient et le diviseur sont les facteurs, on peut appliquer à ses nombres pris dans ce sens les principes des numéros 6, 7 et 8.

13. Dans toute division, quand on rend le dividende un certain nombre de fois plus grand, le diviseur ne changeant pas, le quotient devient ce nombre de fois plus grand et réciproquement quand, sans toucher au diviseur, on rend le dividende un certain nombre de fois plus petit, le quotient devient ce nombre de fois plus petit.

14. Quand, sans toucher au dividende, on rend le diviseur un certain nombre de fois plus grand, le quotient devient ce nombre de fois plus petit et réciproquement lorsque l'on rend le diviseur un certain nombre de fois plus petit, le quotient devient ce nombre de fois plus grand.

15. Quand on rend le dividende et le diviseur un même nombre de fois plus grand ou plus petit, le quotient ne change pas.

Des fractions ordinaires et des nombres décimaux.

16. Tous les principes énoncés jusqu'ici sur les quatre opérations des nombres entiers sont applicables également aux fractions ordinaires et aux nombres décimaux; ainsi, soit $\frac{2}{5}$, un multiplicateur, 1 la somme du multiplicande, du multiplicateur et du produit et proposons-nous de déterminer le multiplicande et le produit. D'après le principe n° 8, je retranche $\frac{2}{5}$ de 1 ou de $\frac{5}{5}$, le reste $\frac{3}{5}$ est évidemment la somme du multiplicande et du produit. Mais le multiplicateur $\frac{2}{5}$ indique que le produit est les $\frac{2}{5}$ du multiplicande; donnant donc 1 au multiplicande le produit sera $\frac{2}{5}$ et la somme des deux sera $1 + \frac{2}{5} = \frac{7}{5}$, divisant le reste $\frac{3}{5}$ par $\frac{7}{5}$, nous aurons $\frac{3}{5} : \frac{7}{5} = \frac{3}{5} \times \frac{5}{7} = \frac{15}{35} = \frac{3}{7}$, donc le multiplicande est $\frac{3}{7}$ et le produit sera $\frac{2}{5} \times \frac{3}{7} = \frac{6}{35}$; en effet, $\frac{3}{7} + \frac{2}{5} + \frac{6}{35} = \frac{15+14+6}{35} = \frac{35}{35} = 1$.

17. Toute fraction ordinaire représente une division dont le numérateur est le *dividende*, le dénominateur le *diviseur* et l'ensemble des deux nombres le *quotient*; en effet, dans la fraction $\frac{3}{7}$ on a $3 : 7 = \frac{3}{7}$.

18. Les principes énoncés aux numéros 13, 14 et 15 sur la division sont donc applicables à une fraction; c'est-à-dire que lorsque l'on rend le numérateur *(dividende)* un certain nombre de fois plus grand ou plus petit, la fraction *(quotient)* devient ce nombre de fois plus grande ou plus petite; que lorsque l'on rend le dénominateur *(diviseur)* un certain nombre de fois plus grand ou plus petit, la fraction *(quotient)* devient ce nombre de fois plus petite ou plus grande, et enfin que lorsque l'on rend le numérateur et le dénominateur un même nombre de fois plus grands ou plus petits la fraction ne change pas de valeur.

19. On appelle *nombre premier* celui qui n'est divisible exactement que par lui-même et par l'unité. Les nombres premiers de 1 à 100 sont :

2, 11, 23, 31, 41, 53, 61, 71, 83, 91.
3, 13, 29, 37, 43, 59, 67, 73, 89, 97.
5, 17,   47,   79.
7, 19.

20. Tout nombre est premier ou composé de nombres premiers; en effet, 20 est composé des facteurs premiers 2. 2. 5.

Décomposer un nombre dans ses facteurs premiers c'est le diviser successivement par tous les nombres premiers qui le divisent exactement en commençant par les plus petits, il est nécessaire pour cela de connaître les caractères de divisibilité.

Soit à décomposer le nombre 19800 :

19800 est pair, donc il est divisible par	2	19800
9900 » » »	2	9900
4950 » » »	2	4950
2475 la somme des chiffres »	3	2475
825 » » »	3	825
275 terminé par 5 »	5	275
55 » »	5	55
11 nombre premier »	11	11
		1

donc 19,800 est composé des facteurs premiers 2. 2. 2. 3. 3. 5. 5. 11; en effet, on a $2 \times 2 \times 2 \times 3 \times 3 \times 5 \times 5 \times 11 = 19800$.

21. Un nombre décimal est rendu 10, 100, 1000 fois plus grand quand on avance la virgule de un, de deux, de trois rangs vers la droite et réciproquement; il est rendu 10, 100, 1000 fois plus petit quand on recule la virgule de un, de deux, de trois rangs vers la gauche.

22. On réduit une fraction ordinaire en fraction décimale en divisant son numérateur par son dénominateur et en réduisant chaque reste en dixièmes, centièmes, etc., ainsi $\frac{3}{4} = 0{,}75$.

23. Cette opération donne lieu à trois espèces de résultats :

1° A un résultat exact;

2° A une période simple;

3° A une période mixte.

24. Une fraction ordinaire à réduire en décimale donnera un résultat exact quand après avoir réduit cette fraction à sa plus simple expression, le dénominateur ne contiendra plus d'autre facteur premier que 2 et 5, et le nombre de chiffres décimaux à obtenir sera égal au plus grand nombre de fois que 2 ou 5 entrera comme facteur dans le dénominateur. Ainsi, dans la fraction $\frac{7}{40}$ 40 = 2. 2. 2. 5. le nombre 2 entrant trois fois comme facteur, et le nombre 5 une fois seulement, la fraction décimale à en résulter sera composée de 3 chiffres; en effet, $\frac{7}{40} = 0,175$. Au contraire, dans la fraction $\frac{11}{1250}$ le dénominateur égalant 2. 5. 5. 5. 5, c'est-à-dire 4 fois le facteur 5 et une fois seulement le facteur 2, la partie décimale se composera de 4 chiffres; en effet, on a $\frac{11}{1250} = 0,0088$.

25. Une fraction ordinaire à réduire en décimales donne lieu à une période simple, quand après avoir été réduite à sa plus simple expression le dénominateur ne contient que des facteurs différents de 2 et 5. Ainsi la fraction $\frac{4}{21}$; le dénominateur 21 = 3.7, tous deux facteurs premiers différents de 2 et 5, le résultat sera donc une période simple, c'est-à-dire commençant un premier chiffre, en effet $\frac{4}{21} = 0,190476$-190476.......

26. Une fraction ordinaire à réduire en décimales donne lieu à une période mixte quand, après avoir été réduite à sa plus simple expression, le dénominateur contient un des facteurs 2 ou 5, ou tous les deux accompagnés d'un ou de plusieurs autres facteurs premiers, et le nombre des chiffres qui précèderont la période, sans en faire partie, sera égal au nombre de fois que 2 ou 5 entrera, comme facteur dans le dénominateur. Ainsi la fraction $\frac{5}{36}$ donnera lieu à une période mixte. En effet le dénominateur 36 = 2. 2. 3. 3, le facteur 2 entrant deux fois comme facteur dans ce nombre, la période sera précédée de 2 chiffres : on a $\frac{5}{36} = 0,13888...$

Dans la fraction $\frac{7}{60}$, dont le dénominateur 60 = 2. 2. 5. 3, le facteur 2 étant compris 2 fois et le facteur 5 une fois seulement, le facteur 2 seul fait loi et la période sera précédée de 2 chiffres : en effet $\frac{7}{60} = 0,11666...$

27. Pour réduire une fraction décimale non périodique en fraction ordinaire, on prend pour numérateur la partie décimale qui se trouve à la droite de la virgule et pour dénominateur l'unité suivie d'autant de 0 qu'il y a de chiffres à la droite de cette même virgule, et on réduit à la plus simple expression, s'il y a lieu ainsi $0,156 = \frac{156}{1000} = \frac{78}{500} = \frac{39}{250}$. $0,046 = \frac{46}{1000} = \frac{23}{500}$.

28. Pour réduire une fraction décimale périodique simple en fraction ordinaire, on prend pour numérateur une période seulement et pour dénominateur autant de 9 qu'il y a de chiffres dans cette période, et l'on réduit, s'il y a lieu, à la plus simple expression. Ainsi : $0,324,324\ldots$ égale $\frac{324}{990} = \frac{36}{111} = \frac{12}{37}$.

29. Pour réduire une fraction décimale périodique mixte en fraction ordinaire, on prend pour numérateur l'ensemble des chiffres, composé de la partie non périodique et d'une période et diminué de la partie non périodique, et pour dénominateur autant de 9 qu'il y a de chiffres dans une période, suivis d'autant de 0 qu'il y a de chiffres dans la partie non périodique. Ainsi la fraction périodique mixte 0,196 428571 428571.... . donne pour numérateur 196428571 diminué de 196 ou 196428375, et pour dénominateur six 9 suivis de trois 0, ce qui donne $\frac{196428375}{999999000}$ fraction qui, réduite à sa plus simple expression, égale $\frac{11}{56}$.

Des Proportions.

30. Dans toute proportion par quotient le produit des extrêmes est égal au produit des moyens; donc un terme quelconque d'une proportion est égal, si c'est un extrême, au produit des moyens divisé par l'extrême connu; si c'est un moyen, au produit des extrêmes divisé par le moyen connu. Ainsi dans la proportion : $4 : 12 :: 20 : 60$ on a :

$$4 = \frac{12 \times 20}{60}; \quad 12 = \frac{4 \times 60}{20}; \quad 20 = \frac{4 \times 60}{12}; \quad 60 = \frac{12 \times 20}{4}$$

31. A part les opérations données sur les proportions

proprement dites, tous les autres problèmes doivent se résoudre par la méthode de la réduction à l'unité; aussi ne parlerons-nous ni de rapports inverses, ni de proportions composées.

32. Cependant, pour les règles d'intérêt, il existe des formules qu'il est bon de connaître.

Tout problème sur l'intérêt se compose de 4 nombres exprimés ou sous-entendus, savoir:

A. Le Capital.—C'est la somme placée.

X. L'Intérêt. — C'est la somme que rapporte le capital.

I. Le Taux. — C'est la somme que rapportent 100 fr.

T. Le Temps.— C'est le temps pendant lequel le capital a été placé.

De là les quatre formules suivantes :

$$X.\ \text{L'Intérêt} = \frac{AIT}{100}$$

$$A.\ \text{Le Capital} = \frac{100\,X}{I\,T}$$

$$I.\ \text{Le Taux} = \frac{100\,X}{A\,T}$$

$$T.\ \text{Le Temps} = \frac{100\,X}{A\,I}$$

N. B. — Remarquons que dans les trois dernières formules le numérateur est toujours le même et que le dénominateur se compose des autres lettres moins celle que l'on cherche, et x qui est au numérateur.

33. Pour habituer les jeunes gens à raisonner d'après la méthode de la réduction à l'unité, nous allons donner la solution raisonnée de quelques problèmes.

34. PROBLÈME I. Quel est le nombre dont les $\frac{7}{8} = 35$?

Solution : Le nombre cherché est égal évidemment aux $\frac{8}{8}$ de lui-même; si $\frac{7}{8} = 35$, $\frac{1}{8}$ égalera 7 fois moins ou la septième partie de 35 qui est 5; si donc $\frac{1}{8} = 5$, $\frac{8}{8}$ ou le nombre cherché égalera 8 fois plus ou $8 \times 5 = 40$.

35. PROBLÈME II. Quel est le nombre qui, augmenté des $\frac{7}{11}$ de lui-même, égale 162?

Solution : Comme ce nombre est égal aux $\frac{11}{11}$ de lui-même, si on lui ajoute 7 il formera évidemment les $\frac{18}{11}$ de lui-même; mais si $\frac{18}{11} = 162$, $\frac{1}{11}$ égalera 18 fois moins ou 162 divisé par $18 = 9$; et si $\frac{1}{11} = 9$, $\frac{11}{11}$ ou le nombre cherché égaleront 11 fois plus ou $9 \times 11 = 99$. Ce nombre est donc 99.

36. Problème III. Un premier ouvrier A pourrait terminer seul un ouvrage en 5 jours et un second B en 7 jours, combien de temps mettront-ils, s'ils travaillent en commun au même ouvrage.

Solution : Si A peut terminer l'ouvrage en 5 jours, c'est qu'en un jour il fait la cinquième partie de l'ouvrage, soit $\frac{1}{5}$; si B emploie 7 jours pour le même ouvrage, c'est qu'en un jour il n'en fait qu'un septième, soit $\frac{1}{7}$. A et B font donc ensemble, par jour, $\frac{1}{5} + \frac{1}{7}$ de l'ouvrage ou $\frac{7+5}{35} = \frac{12}{35}$. Si au lieu de $\frac{12}{35}$ ils ne faisaient que $\frac{1}{35}$ il leur faudrait évidemment 35 jours; mais puisqu'ils en font 12 fois plus, ils mettront 12 fois moins que 35 ou $\frac{35}{12} = 2\frac{11}{12}$ jours.

37. Problème IV. Une mère donne à son fils un certain nombre de pièces de dix centimes pour aller acheter quatre litres d'huile. Chemin faisant notre jeune enfant rencontre une fée bienfaisante qui lui change ses pièces de 10 centimes en pièces de 25 centimes. L'enfant alors achète 5 litres de plus d'huile et rapporte à sa mère 1,50 fr. Combien coûtait un litre d'huile?

Solution : Si au lieu de valoir 10 centimes, ses pièces ne valaient que 1 centime, l'enfant achèterait 10 fois moins d'huile ou $\frac{4}{10}$, et si au lieu de 1 centime elles en valent 25, il en achètera 25 fois plus ou $\frac{4}{10} \times 25 = \frac{100}{10} = 10$ litres. Mais d'après l'énoncé, il n'achète que $4 + 5 = 9$ litres. La somme qu'il rapporte à sa mère est donc le prix du dixième litre. Donc l'huile coûte 1,50 fr.

38. Problème V. Un épicier a du café à 2,26 fr. le kilog. et à 3,20, il veut en faire un mélange de 100 kilog. qui revienne juste à 3 francs. Combien de kilogr. doit-il prendre de chaque qualité?

Opération: 226 — gain — 74
                                        300
                                 320 — perte — 20

20 kilog. à 2,26   gain 74×20
74 kilog. à 3,20   perte 74×20
$\overline{94}$ kilog. à 3 fr.

$\frac{20}{94} \times 100 = \frac{2000}{94} = 21 \frac{13}{47}.$

$\frac{74}{94} \times 100 = \frac{7400}{94} = 78 \frac{34}{47}.$

Solution: En vendant 3 francs ou 300 centimes 1 kilog. que l'on devait vendre 226 centimes, on gagne évidemment la différence $300 - 226 = 74$ c.; mais en vendant 300 c. ce qu'on devait vendre 320, on perd 20 centimes. Donc si l'on prend 20 kilog. à 226 pour les vendre à 300, on gagnera 20 fois 74 c.; d'un autre côté, si l'on prend 74 kilog. à 320 pour les vendre à 300, on perdra 74×20 c.: donc en mélangeant 20 kilogr. à 2,26 avec 74 kilog. à 3,20, le gain compense la perte et l'on a ainsi un mélange de 94 kilog. qui revient juste à 3 fr. le kilog. Mais on veut fait un mélange de 100 kilogr.: Je dirai d'abord si pour 94 kilog. de mélange, on prend 20 d'une part et 74 de l'autre, pour 1 kilog. on prendra 94 fois moins de chaque partie ou $\frac{20}{94}$ et $\frac{74}{94}$, et pour 100 kilogr. on prendra 100 fois plus ou $\frac{20}{94} \times 100 = 21 \frac{13}{47}$ et $\frac{74}{94} \times 100 = 78 \frac{34}{47}$. En effet $21 \frac{13}{47} + 78 \frac{34}{47} = 100$, et si l'on multiplie $21 \frac{13}{47}$ par 2,26 et $78 \frac{34}{47}$ par 3,20 et qu'on ajoute les deux produits, on devra avoir $3 \times 100 = 300$ fr.

39. Problème VI. Une marchande achète des poires à raison de 7 poires pour 5 centimes; elle les revend à raison de 5 poires pour 8 centimes et gagne sur son marché 4,96 fr. Combien avait-elle de poires?

Solution: Si 7 poires ont coûté 5 centimes, une poire a coûté 7 fois moins ou $\frac{5}{7}$ donc $\frac{5}{7}$ prix d'achat d'une poire; d'un autre côté si 5 poires valent 8 c. une poire vaudra 5 fois moins ou $\frac{8}{5}$ prix de vente; retranchant $\frac{5}{7}$ prix d'achat de $\frac{8}{5}$ prix de vente, nous aurons pour le gain fait sur une poire $\frac{8}{5} - \frac{5}{7} = \frac{56-25}{35} = \frac{31}{35}$ et autant de fois ce gain fait sur une poire sera contenu en 496 centimes, gain fait sur toutes les poires, autant elle avait de poires; $496 : \frac{31}{35} = 496 \times \frac{35}{31} = \frac{17360}{31} =$ 560 poires.

40. PROBLÈME VII. 375 ouvriers travaillant 18 jours et 9 heures par jour ont fait 1575 mètres d'ouvrage, on demande combien de mètres du même ouvrage ferait une autre troupe composée de 280 ouvriers de même force travaillant 25 jours et 11 heures par jour.

Opération : $\frac{1575 \times 280 \times 11 \times 25}{375 \times 18 \times 9} = 1996 \frac{8}{27}$ mètres.

Solution. Si 375 ouvriers ont fait 1575 mètres, un ouvrier en fera 375 fois moins ou $\frac{1575}{375}$.

Si un ouvrier en 18 jours a fait $\frac{1575}{375}$, en 1 jour il en fera 18 fois moins ou $\frac{1575}{375 \times 18}$.

Si un ouvrier en 1 jour ou en 9 heures a fait $\frac{1575}{375 \times 18}$ en une heure il en fera 9 fois moins ou $\frac{1575}{375 \times 18 \times 9}$. Cette dernière expression est donc le nombre de mètres qu'un ouvrier ferait en 1 heure. Mais si en une heure un ouvrier fait $\frac{1575}{375 \times 18 \times 9}$ 280 ouvriers dans le même temps feront 280 fois plus ou $\frac{1575 \times 280}{375 \times 18 \times 9}$.

Si en 1 heure 280 ouvriers font $\frac{1575 \times 280}{375 \times 18 \times 9}$ en 11 heures ou dans une journée ils feront 11 fois plus ou $\frac{1575 \times 280 \times 11}{375 \times 18 \times 9}$.

Si en un jour 280 ouvriers font $\frac{1575 \times 280 \times 11}{375 \times 18 \times 9}$, en 25 jours ils feront 25 fois plus ou $\frac{1575 \times 280 \times 11 \times 25}{375 \times 18 \times 9}$.

Réduisant et effectuant les opérations indiquées par cette dernière expression nous trouvons que la 2ᵉ troupe fera 1996 $\frac{8}{27}$ mètres.

41. PROBLÈME VIII. 72 ouvriers en 24 jours et travaillant 7 heures par jour ont fait 450 mètres d'ouvrage ; on demande combien il faudrait de jours à 60 ouvriers de même force travaillant 9 heures par jour pour faire 630 mètres du même ouvrage.

Opération : $\frac{24 \times 72 \times 7 \times 630}{450 \times 60 \times 9}$.

Solution. Si 72 ouvriers ont employé 24 jours pour faire un ouvrage, un ouvrier eut employé 72 fois plus de temps en 24×72.

Si cet ouvrier au lieu de travailler 7 heures par jour n'eut travaillé qu'une heure, il lui eut fallu évidemment 7 fois plus de temps ou $24 \times 72 \times 7$.

Si au lieu de 450 mètres cet ouvrier n'avait eu à faire qu'un mètre, il aurait mis 450 fois moins de temps ou $\frac{24 \times 72 \times 7}{450}$.

Cette dernière expression est donc le nombre de jours qu'emploiérait un ouvrier travaillant 1 heure par jour pour faire 1 mètre d'ouvrage.

Mais si un ouvrier emploie $\frac{24 \times 72 \times 7}{450}$ 60 ouvriers emploieront 60 fois moins ou $\frac{24 \times 72 \times 7}{450 \times 60}$.

Si au lieu de travailler une heure par jour ces ouvriers travaillent 9 heures, ils mettront évidemment 9 fois moins de temps ou $\frac{24 \times 72 \times 7}{450 \times 60 \times 9}$.

Enfin, si au lieu d'un mètre d'ouvrage ils en font 630, ils mettront 630 fois plus de temps ou $\frac{24 \times 72 \times 7 \times 630}{450 \times 60 \times 9}$.

Réduisant et effectuant les opérations indiquées dans cette dernière expression, nous trouvons que la deuxième troupe emploiera 31 $\frac{9}{25}$ jours.

42. Problème IX. Un lion de bronze placé sur le bassin d'une fontaine peut jeter l'eau par la gueule, par les yeux et par les oreilles ; par la gueule seule il remplirait le bassin en 7 heures, par chaque œil en 10 heures, et par chaque oreille en 12 heures. Si l'on ouvre tous les robinets à la fois, en combien d'heures, minutes, secondes et fractions de seconde le bassin sera-t-il rempli ?

Solution : puisque par la gueule le lion remplirait le bassin en 7 heures, en 1 heure il doit remplir la septième partie du bassin soit $\frac{1}{7}$.

Puisque chaque œil remplirait le bassin en 10 heures, en 1 heure il remplira la dixième partie, et comme ils sont deux, ils rempliront les $\frac{2}{10}$ ou $\frac{1}{5}$.

De même chaque oreille devant employer 12 heures pour le remplir, en 1 heure elle en remplira la douzième, et comme elles sont deux, elles rempliront les $\frac{2}{12}$ ou $\frac{1}{6}$.

Donc tous ensemble, ils rempliront en une heure $\frac{1}{7} + \frac{1}{5} + \frac{1}{6} = \frac{30 + 42 + 35}{210} = \frac{107}{210}$.

Si au lieu de $\frac{107}{210}$ ils remplissaient seulement $\frac{1}{210}$ en 1 heure, il leur faudrait évidemment 210 heures pour remplir le bassin ; mais puisqu'ils en remplissent $\frac{107}{240}$ ils mettront 107 fois moins de temps ou $\frac{240}{107} = 1$ h. $\frac{103}{107}$ d'heure. Comme 1 heure égale 60 minutes, je multiplie 103 par 60 et j'obtiens $\frac{6180}{107}$ de minutes ou 57 minutes plus $\frac{81}{107}$ de minute. Et comme 1 minute égale 60 secondes, je multiplie 81 par 60 ce qui me donne $\frac{4860}{107}$ de seconde ou 45 secondes et $\frac{45}{107}$ de seconde. Donc le lion, par la gueule, par les yeux et par les oreilles remplira le bassin en 1 heure 57 minutes 45 $\frac{45}{107}$ secondes.

43. Problème X. Cherchez un mot de huit lettres qui soient telles que :

1o la 1re diminuée de 3.

2o la 2e augmentée de 3.

3o la 3e multipliée par 5 et divisée par 4.

4o la 4e diminuée de 5 et divisée par 8.

5o la 5e multipliée par 3 et divisée par 5.

6o la 6e multipliée par 0,555.....

7o la 7e multipliée par 8,8666......

8o la 8e multipliée par 0,3571428-571428.......

forment le mot *Problème.*

Solution. Remplaçant les lettres du mot problème par leur valeur convenue, nous avons :

$\overset{1}{16}, \overset{2}{18}, \overset{3}{15}, \overset{4}{2}, \overset{5}{12}, \overset{6}{5}, \overset{7}{13}, \overset{8}{5}.$

1e	=	19	s
2e	=	15	o
3e	=	12	l
4e	=	21	u
5e	=	20	t
6e	=	9	i
7e	=	15	o
8e	=	14	n

1o La 1re lettre du mot cherché diminuée de 3 donne la 1re lettre du mot connu ou 16. Cela revient à chercher le nombre qui diminué de 3 égale 16. Ce nombre est évidemment 19.

2o La 2e augmentée de 3 égale 18 ; cette lettre est donc égale à 18-3 = 15.

3o La 3e$\times$5 : 4 égale 15 ; 15 est donc le quotient d'une division dont le dividende est inconnu et dont le diviseur est 4 ; et comme le dividende égale le diviseur multiplié par le quotient nous trouvons qu'il égale 4$\times$15 = 60. Mais ce nombre 60 est lui-même le produit d'une multiplication dont le multiplicande est la lettre que nous cherchons et le multiplicateur 5. or le multiplicande (pr. 6), égale le produit divisé par le multiplicateur, donc $60:5$ ou 12 nous donnera ce multiplicande c. a. d. la 3e lettre.

4° La 4e diminuée de 5 et divisée par 8 égale 2 ; cette lettre diminuée de 5 est donc un dividende dont le diviseur est 8 et le quotient 2. Ce dividende est donc $8 \times 2 = 16$; mais 16 est la 4e lettre diminuée de 5, donc en ajoutant 5 à 16 nous aurons 21 ou la 4e lettre.

5° La 5e$\times$3 et divisée par 5 égale 12.

La 5e$\times$3 est donc un dividende qui a pour diviseur 5 et pour quotient 12 ; ce dividende est donc $5 \times 12 = 60$; d'où la 5e lettre cherchée, multipliée par $3 = 60$. 60 est donc le triple de cette lettre et $60 ; 3$ ou 20 sera la lettre cherchée.

6° La 6e multipliée par 0,555.... égale 5.

Cette 6e est donc un multiplicande dont le multiplicateur est 0,555.... et le produit 5. Le produit divisé par le multiplicateur donnera donc ce multiplicande ou $5:0,0555......$ Mais le diviseur est une fraction périodique simple, il faut la réduire en fraction ordinaire. D'après le principe 28, $0,555 = \frac{5}{9}$; nous aurons donc $5 : \frac{5}{9} = 5 \times \frac{9}{5} = 9$; donc 9 est la 6e lettre cherchée.

7° La 7e$\times$0,8666.... égale 13 ; donc 13 produit divisé par 0,866... donnera le multiplicande ou cette 7e lettre. Mais 0,8666... est une période mixte qu'il faut réduire en fraction ordinaire, donc, d'après le principe 29, 0,8666... égale $\frac{86-8}{90} = \frac{78}{90} = \frac{13}{15}$ d'où $13 : \frac{13}{15} = 13 \times \frac{15}{13} = 15$ ou 7e lettre cherchée.

8° La 8e$\times$0,3571428571428... égale 5 ; donc $5:0,357142857.....$ égale cette 8e lettre, $0,3571428571... = \frac{3571428-5}{9999990} = \frac{3571423}{9999990} = \frac{5}{14}$ donc $5 : \frac{5}{14}$ ou $5 \times \frac{14}{5} = 14$ sera cette 8e lettre d'où donnant à chaque valeur la lettre qu'elle représente nous formons le mot *Solution*.

ÉLÉVATION DES NOMBRES

AU CARRÉ ET AU CUBE ET EXTRACTION DES RACINES CARRÉES ET CUBIQUES.

PRINCIPES FONDAMENTAUX : *A*. Dans une multiplication de deux ou de plusieurs nombres on peut intervertir l'ordre des facteurs sans changer le produit.

Ainsi $2 \times 7 = 7 \times 2$ de même $3 \times 5 \times 8 = 3 \times 8 \times 5 = 5 \times 3 \times 8 = 5 \times 8 \times 3 = 8 \times 3 \times 5 = 8 \times 5 \times 3 = 120$.

B. Quand on a à faire la somme de plusieurs nombres qui doivent être multipliés par un facteur commun on peut indifféremment *ou* additionner ces nombres et multiplier la somme par le facteur commun *ou bien* multiplier chaque nombre par le facteur commun et additionner les produits.

Ainsi soit à additionner

$$
\begin{array}{rr}
4 \times 5 = & 20 \\
6 \times 5 = & 30 \\
8 \times 5 = & 40 \\
9 \times 5 = & 45 \\
\hline
27 \times 5 = & 135
\end{array}
$$

On peut ou ajouter les nombres 4, 6, 8, 9 et multiplier leur somme 27 par 5 ce qui donne 135 ou bien multiplier chaque nombre par 5 et additionner les produits 20, 30, 40, 45 ce qui donne également 135.

1° Elévation des nombres au carré.

On appelle carré d'un nombre le produit de ce nombre multiplié par lui-même : 9 est le carré de 3 parce que $3 \times 3 = 9$. 144 est le carré de 12 car $12 \times 12 = 144$.

Réciproquement on appelle racine carrée d'un nombre, le nombre qui multiplié par lui-même égale le nombre proposé;

2

ainsi dans les exemples ci-dessus 3 est la racine carrée de 9 ; 12 est la racine carrée de 144.

Nous distinguerons 4 cas dans l'élévation des nombres au carré :

A. Un nombre d'un seul chiffre à la racine ;

B. Un nombre composé d'un seul chiffre significatif suivi de un ou de plusieurs zéros ;

C. Un nombre de deux chiffres significatifs ;

D. Un nombre de plus de deux chiffres ;

A. Le carré d'un nombre d'un seul chiffre se trouve dans la table de multiplication. On y verra que les racines :

$$1, 2, 3, 4, 5, 6, 7, 8, 9$$

ont pour carrés les nombres $1, 4, 9, 16, 25, 36, 49, 64, 81.$

B. Pour élever au carré un nombre d'un seul chiffre significatif suivi d'un ou de plusieurs zéros, on élève d'abord au carré le chiffre significatif et on écrit à la droite de ce carré autant de fois 2 zéros qu'il y a de zéros à la droite du chiffre significatif on trouvera ainsi que les racines :

$$10 \qquad 100 \qquad 1000 \qquad 10000 \text{ etc.}$$

ont pour carrés les nombres

$$100 \qquad 10000 \qquad 1000000 \qquad 100000000$$

de même le carré de 40 égalera 1600.

C. Soit à trouver le carré de 27 qu'on peut décomposer en $20 + 7$ ou en remplaçant le zéro par un point (ce que nous ferons souvent) $2. + 7$.

Pour trouver la loi de composition du carré d'une somme composée de deux parties, multiplions les parties de cette somme par elles-mêmes en commençant par la gauche et écrivons chaque résultat séparément les uns sous les autres.

Nous aurons :

$$
\begin{array}{ll}
2. & 7 \\
2. & 7 \\
\hline
4.. & \text{ou } 2. \times 2 \quad \text{carré des dizaines.} \\
14. & \text{ou } 2. \times 7 \quad \text{produit des dizaines par les unités.} \\
14. & \text{ou } 2. \times 7 \quad \text{produit des dizaines par les unités.} \\
49 & \text{ou } 7. \times 7 \quad \text{carré des unités.}
\end{array}
$$

Cette opération nous fait voir que le carré d'un nombre de deux chiffres est égal :

1° au carré des dizaines.

2° à deux fois le produit des dizaines par les unités.

3° au carré des unités.

En d'autres termes que si, pour généraliser, nous représentons les dizaines par a et les unités par b nous aurons la formule

$$(a + b) \times (a + b) = a^2 \times 2\,ab + b^2.$$

Remarquons que dans cette formule la 2e et la 3e partie ont le facteur commun b, en vertu du principe B nous pourrons donc l'écrire : $a^2 + (2\,a + b) \times b$.

Donc le carré d'un nombre de deux chiffres se compose de deux parties.

1° du carré des dizaines.

2° d'un produit ayant pour multiplicande 2 fois les dizaines plus les unités et pour multiplicateur les unités.

Reprenons le nombre proposé 27.

Opération :

	Racine	27		
Carré de 2.	1re partie	4 . .	4 .	où 2 fois les dizaines.
Produit.	2e partie	329	7	les unités.
	Carré	729	47	multiplicande par 7.

Dans la pratique on dit : 2 fois 2 font 4 que l'on pose en écrivant à sa droite 2 zéros, car des dizaines $\times$ des dizaines ne peuvent donner moins que des centaines.

Pour la 2e partie : 7 fois 7 font 49 (unités), on pose 9 sous le 2e point à droite et on retient 4. Puis, doublant mentalement le chiffre des dizaines, 7 fois 4 font 28 et 4 de retenue font 32 que l'on pose à la gauche de 9 ; on fait la somme de ces deux parties et l'on trouve pour carré 729.

D. Soit le nombre de trois chiffres 356.

$$356$$

a^2	1re partie	9. . . .	Carré de 3. .
$(2\,a+b)\,b$	2e partie	325..	(2 fois 3 . .+5.) × 5.
$(2\,a\times b)\,b$	3e partie	4236	(2 fois 35.+6) × 6.
	Carré	126736	

Le nombre 356 se composant de trois chiffres, son carré se composera de trois parties.

1re partie : carré de 3. . = 9. . . .

2e partie : 5 fois 5 font 25, je pose 5 et je retiens 2.

     5 fois 6 (2×3) font 30 et 2 font 32, je pose 32.

3e partie : 6 fois 6 font 36, je pose 6 et je retiens 3.

     6 fois 10 (5 doublé) font 60 et 3 de retenue font 63, je pose 3 et je retiens 6.

     6 fois 6 (3 doublé) font 36 et 6 font 42, je pose 42.

     Soit encore :

$$
\begin{aligned}
\text{Racine} \quad & 30023 \\
& 9.\ .\ .\ .\ . \\
& 12004.. \\
& 180129 \\
\hline
& 901,380,529
\end{aligned}
$$

Lorsqu'il se trouve des zéros dans la racine on écrit en plus à la droite du dernier résultat autant de fois 2 zéros ou 2 points qu'il y a de zéros consécutifs.

Ainsi dans l'exemple ci-dessus j'ai mis 6 points : deux pour le chiffre 9 et 4 pour les deux zéros qui se trouvent à la droite du 3. Le reste de l'opération se fait comme plus haut.

2° Elévation des nombres au cube.

Le cube d'un nombre est le produit de ce nombre multiplié 2 fois par lui-même. Le cube de 4 égale donc $4 \times 4 \times 4 = 64$. Celui de 25 égale $25 \times 25 \times 25 = 15625$.

On appelle racine cubique le nombre qui, après avoir été

multiplié 2 fois par lui-même, produit le cube; ainsi 4 est la racine cubique de 64 et 25 celle de 15625.

Comme dans l'élévation au carré, nous comprendrons 4 cas dans l'élévation au cube.

A. à élever au cube un nombre d'un seul chiffre.

B. «   «   un nombre d'un seul chiffre suivi de un ou de plusieurs zéros.

C. «   «   un nombre de deux chiffres significatifs.

D. «   «   un nombre de plus de deux chiffres.

A. Le cube d'un nombre d'un seul chiffre ne peut s'obtenir que par la multiplication. Il serait bon de retenir les cubes des neufs premiers nombres, ce sont:

Racines: 1, 2, 3, 4, 5, 6, 7, 8, 9.
Cubes : 1, 8, 27, 64, 125, 216, 343, 512, 729.

B. Pour élever au cube un nombre d'un seul chiffre significatif suivi de un ou de plusieurs zéros, on élève d'abord au cube le chiffre significatif et l'on écrit à la droite de ce cube autant de fois trois 0 qu'il y a de 0 à la droite de la racine. C'est ainsi que l'on trouve

Racines: 10, 100, 1000, 10000
Cubes: 1000, 1000000, 1000000000, 1,000000000000
De même 400 élevé au cube égale 64000000.

C. Soit à élever au cube le nombre 27 ou $20 + 7$. Nous avons vu que le carré de 27 ou de $2. + 7$ est composé de deux parties: 1° du carré de 2.

2° d'un produit égal au double de 2. plus 7 multiplié par 7.

Si nous multiplions ces deux parties par 27 ou par $2. + 7$ nous trouverons :

1° $2.^3$

2° $(3 \times 2.^2 + 3 \times 2. \times 7 + 7^2) \times 7$.

La première partie nous représente le cube de 2 ou des dizaines.

La seconde est l'expression d'un produit qui a pour multiplicande:

A. Trois fois le carré des dizaines $2.^2 \times 3$.

B. Trois fois le produit des dizaines par les unités
    (2. × 7) × 3.

C. Le carré des unités 7²

Et pour multiplicateur le chiffre des unités 7.

Le cube de 27 se composera donc de 2 parties :

1° du cube de 2.

$$2°\ de \left\{ \begin{array}{l} 3 \text{ fois le carré de 2.} \\ 3 \text{ fois 2. × 7.} \\ 7 × 7 \end{array} \right\} \quad \text{Multiplié par 7.}$$

Opération :

	27	
1ʳᵉ partie	8...	cube de 2
2ᵉ partie	11683	produit de 1669 par 7
3 × 2. = 6. × 2. = 12..	19683	cube cherché.
6. × 7 = 42.		
7 × 7 = 49		

Multiplicande   1669

Après avoir posé 27 comme ci-dessus et l'avoir souligné, j'élève d'abord au cube le chiffre des dizaines ou 2. ce qui me donne 8..., je forme ensuite le multiplicande de la 2ᵉ partie.

Remarquant qu'en vertu du principe A. 2. × 2. × 3 = 3 × 2. × 2.

Je dis 3 fois 2. font 6. multiplié par 2. égale 12... Ce nombre 12.. égale la 1ʳᵉ partie du multiplicande, c'est-à-dire 3 fois le carré de 2.

Je multiplie ensuite le même nombre 6. par 7 ce qui me donne 42. Ce nombre 42. forme la 2ᵉ partie du multiplicande ; il exprime en effet le triple produit des dizaines par les unités : 3 × 2. × 7.

Je forme enfin le carré de 7 ce qui me donne 49 pour la 3ᵉ partie du multiplicande.

Après avoir posé ces trois parties les unes sous les autres en leur conservant leur valeur relative, je les additionne et leur somme 1669 me donne évidemment le multiplicande qui, multiplié par 7, donnera la 2ᵉ partie du cube cherché 1669 ×

7 égale 11683; 11683 est donc cette 2e partie, et si nous l'ajoutons à la 1re 8000, nous trouverons pour le cube cherché 19683.

D. Soit à élever au cube le nombre 278

$$\text{Racine} \quad \underline{278}$$

$$3 \times 2. = 6. \times 2. = 12..$$
$$6. \times 7 = 42.$$
$$7 \times 7 = \underline{\quad 49}$$
$$1^{er} \text{ Multip}^{de} \qquad 1669$$
$$49$$
$$27^z \times 3 \quad . \quad . \quad . \quad \underline{2187..}$$
$$27. \times 3. = 81. \times 8 \qquad 648.$$
$$8 \times 8 \qquad \underline{\quad 64}$$
$$2^e \text{ Multip}^{de} \quad . \quad . \quad 225244$$

$$8... \qquad \text{C. des centaines}$$
$$11683... \quad 1^{er} \text{ multip}^{de} \text{ p}^r \ 7$$
$$1801952 \quad 2^e \text{ multip}^{de} \text{ p}^r \ 8$$
$$\underline{21484952} \text{ cube.}$$

La racine 278 se composant de trois chiffres significatifs, le cube se composera de trois parties.

Le nombre 278 peut se décomposer en 27. + 8.

Proposons-nous d'abord d'élever au cube la 1re partie 27. Nous avons vu plus haut que le cube de 27. ou de 2. + 7 considérés comme des dizaines égale :

$$1° \quad 2. \times . 2. \times 2. \qquad 1^{re} \text{ partie} = \quad 8...$$
$$2° \left\{ \begin{array}{l} 3 \times 2. \times 2. \\ 3 \times 2. \times 7 \\ 7 \times 7 \end{array} \right\} \times 7 \quad 2^e \text{ partie} = \quad 16683$$

La somme de ces deux parties nous a donné le cube de 27 unités; mais comme ici nous avons considéré 27 comme exprimant des dizaines, nous devrons écrire trois 0 à sa droite. Le cube de 27. sera donc 19683...

Maintenant proposons-nous d'élever au cube le nombre 278 ou 27. + 8. D'après ce que nous avons vu 27. + 8 élevé au cube égale :

$$1° \quad 27. \times 27. \times 27. \qquad \text{ou le cube de 27. déjà trouvé}$$
$$2° \left\{ \begin{array}{l} 3 \times 27. \times 27 \\ 3 \times 27. \times 8 \\ 8 \times 8 \end{array} \right\} \times 8$$

Nous avons vu que la somme de la 1re et de la 2e partie déjà trouvées est égale au cube de 27. reste donc à former la 3e partie du cube, composée du produit exprimé par le 2o ci-dessus.

Les opérations déjà faites vont nous donner un moyen facile de composer la première partie de cette dernière somme ou du triple carré de 27.

Remarquons d'abord que 27 élevé au carré égale :

1o	2. × 2.	Multipliant chacune de ces par-
2o	2. × 7 × 2	ties par 3 pour avoir le triple carré
3o	7 × 7	nous aurons :

1o 2. × 2. × 3   ou le triple carré de 2.

2o 2. × 7 × 2 × 3   ou 6 fois le prod^t des dizaines par les unités.

3o   7 × 7 × 3 ou trois fois le carré des unités.

Si nous remarquons que le 1er multiplicande 1669 est composé de

1o 12..   qui égale le triple carré de 2.

2o 42.   «   trois fois les dizaines par les unités.

3o 49   «   une fois le carré des unités.

Nous verrons qu'en ajoutant à cette somme 1669

1o 42.   ou trois fois les dizaines par les unités.

2o 49   ou une fois le carré des unités.

3o 49   ou une fois le carré des unités.

Nous formerons en faisant la somme de ces parties la 1re partie du 2e multiplicande.

Donc pour former 2187 j'ai ajouté   42.

$$\begin{array}{r} 42. \\ 49 \\ 1669 \\ 49 \\ \hline 2187 \end{array}$$

2187 .. triple carré de 27.

Pour former la 2e partie de ce multiplicande, j'ai multiplié 27. par 3 ce qui m'a donné 81. puis ce produit 81. par 8 ce qui a donné pour cette 2e partie 648.

J'ai ensuite fait le carré de 8 pour avoir la 3e partie qui égale 64.

J'ai ajouté ces trois parties et j'ai obtenu pour 2e multiplicante 225244.

Multipliant ce nombre par 8 j'ai trouvé pour 3e et dernière partie du cube 1801952.

Additionnant ces 3 parties du cube j'ai obtenu pour résultat final ou pour le cube cherché 21,484,952.

Soit encore à élever au cube 45037.

```
                              Opération   45037
                                          ─────
                                          64...
                                          27125......

triple de 4=12.× 4.= 48..
          12.× 5.=  60
           5 × 5=   25                        182371527...
                   ────
1re multiplicande  5425
                     25
                   ──────
                   607500..                   42588338653
                                          ──────────────────
tr. de 450= 1350× 3   4050.      Cube = 91,349,959,865,653
  carré de 3             9
                   ────────
                   60790509
2e multiplicande          9
                   ──────────
                   60831027..
tr. de 4503 = 13509×7  94563.
   carré de 7            49
                   ──────────
3e multiplicande   6084048379
```

Remarque. Cette opération se fait comme la précédente si ce n'est que pour tenir lieu du zéro qui se trouve à la racine, on met 6 points au lieu de 3 à la droite de la 2e partie du cube, et 4 points au lieu de 2, ou 2 zéros et 2 points à la droite de la 1re partie du 2e multiplicande. S'il y avait eu à la racine 2 zéros consécutifs on aurait mis 9 points à la droite de la 2e partie du cube et 6 zéros ou 6 points, ou 4 zéros et 2 points à la droite de la 1re partie du 2e multiplicande.

3° Extraction de la racine carrée.

Nous avons vu qu'on entend par racine carrée le nombre qui, multiplié par lui-même, reproduit le carré.

Les carrés de deux chiffres seulement n'ayant qu'un chiffre à la racine se trouvent dans la table de multiplication.

Les carrés parfaits de 1 à 100 sont

1	4	9	16	25	36	49	64	81

qui ont pour racines   1   2   3   4   5   6   7   8   9
de même les nombres   100   10000   1000000   100000000
ont pour racines   10   100   1000   10,000

Nous ne nous occuperons que des nombres qui ont plus de deux chiffres au carré. — Soit à extraire la racine carrée de 2401. Ce carré étant plus grand que 100, carré de dix et plus petit que 10000 carré de 100, sa racine se trouve comprise entre 10 et 100 et se compose par conséquent de deux chiffres ou de dizaines et d'unités.

```
Carré    24 01 | 49   Racine.

         16      8.    diviseur.
dividende 801    9
         ___    ___
         801     89    par 9.
         ___
          0.
```

Nous remarquons d'abord que des dizaines multipliées par des dizaines ne peuvent donner moins que des centaines. Nous chercherons donc ce chiffre des dizaines dans 24 centaines. Le plus grand carré contenu dans 24 est 16 qui donne pour racine 4 ou 4. que nous écrivons à la droite du carré en le séparant par un trait; retranchant ce carré 16 de 24 nous trouvons pour reste 8 à la droite duquel nous abaissons la 2ᵉ partie 01 ce qui nous donne 801; puisque de 2401 nous avons retranché le carré des dizaines de la racine, le reste 801 doit contenir encore (2 fois les dizaines plus les unités) multiplié par les unités. 801 peut donc être considéré comme un dividende qui a pour diviseur incomplet 2 fois les dizaines de la racine ou 8. divisant 801 par 80 ou 80 par 8 nous trouvons 10 pour quotient, mais remarquant que 80 n'est qu'un diviseur incomplet qui peut être 81, 82, 83... 89, nous diminuons ce quotient d'une unité et nous essayons 9. Complétant le diviseur avec ce chiffre 9 nous avons 89 qui multiplié par 9 donne 801; donc 9 est bien le chiffre des unités de la racine et 49 est la racine cherchée.

Prenons pour 2ᵉ exemple 40436881.

```
         40 43 68 81  | 6359  Racine.
         36             12 . double de 6. diviseur incomplet de 443.
1ᵉʳ dividende   4 43      3
              3 69      123  diviseur complet par 3.
2ᵉ dividende   74 68      126 . double de 63. et diviseur incompl. de 7468.
             63 25         5
3ᵉ dividende   11 43 81    1265  diviseur complet par 5.
             11 43 81      1270 . divis. incòm. de 114381 ou doub. de 635
                0            9
                          12709  diviseur complet par 9.
```

Opération pratique.

```
13 50 19 50 25  | 36745
 4 50             66
   54 19           727
    3 30 50         7344
      36 74 25       73485
      ─────────
          0
```

Je divise d'abord le nombre en tranches de deux chiffres
à partir de la droite j'obtiens 5 tranches qui doivent me donner 5 chiffres à la racine. Le plus grand carré contenu dans
13 est 9 dont la racine est 3 que je pose à la racine. De 13 je
retranche le carré de 3 ou 9 et j'obtiens pour reste 4 à la droite
duquel j'abaisse la tranche suivante 50, ce qui me donne pour
1ᵉʳ dividende 450. — Je double le 1ᵉʳ chiffre 3 de la racine,
ce qui me donne 6 que je considère comme des dizaines. Je
divise 450 par 60 je trouve 7 pour quotient ; mais 7 fois 67 ne
pouvant se retrancher de 450, je diminue 7 d'une unité et
j'écris 6 à la racine et à la droite du diviseur 6, ce qui me
donne 66. Je multiplie 66 par 6 et je retranche ce produit
chiffre à chiffre du dividende 450 j'obtiens pour reste 54. A
la droite de ce reste 54 j'abaisse la tranche suivante 19 et
j'obtiens pour 2ᵉ dividende 5419.

Je double le nombre formé par les deux chiffres trouvés à
la racine et j'obtiens pour 2ᵉ diviseur 72, considéré toujours

comme des dizaines. Je divise 5419 par 720 ou plus simplement 541 par 72 et le quotient 7 me donne le 3ᵉ chiffre de la racine que j'écris à la droite de 36 et de 72 pour avoir le diviseur complet 727. Je multiplie 727 par 7 et je retranche le produit chiffre à chiffre de 5419, ce qui me donne pour reste 330.

A la droite de ce reste j'abaisse la tranche suivante 50 et j'obtiens pour 3ᵉ dividende 33050. — Je double la racine déjà trouvée 367 et j'obtiens pour 3ᵉ diviseur incomplet 734. ou 7340 — je divise 33050 par 7340 ou 3305 par 734 et le quotient 4 me donne le 4ᵉ chiffre de la racine, chiffre que j'écris comme les précédents à la droite de 367 et de 734 pour avoir le diviseur complet 7344 — je multiplie 7344 par 4 et je retranche le produit chiffre à chiffre de 33050 ce qui donne pour reste 3674.

A la droite de ce reste j'abaisse la dernière tranche 25 et j'obtiens pour 4ᵉ et dernier dividende 367425 — je double la racine déjà trouvée 3674 et j'obtiens pour 4ᵉ diviseur incomplet 7348.

Je divise 367425 par 73480 ou 36742 par 7348 et le quotient 5 me donne le dernier chiffre de la racine, chiffre que j'écris à la droite de la racine 3674 et de 7348 pour avoir le diviseur complet 73485 — je multiplie 73485 par 5 et comme en retranchant chiffre par chiffre le produit de 367425 je trouve zéro pour reste j'en conclus que 36745 est la racine carrée de 1350195025.

4° Extraction de la racine cubique.

Nous avons vu qu'on entend par racine cubique un nombre qui multiplié deux fois par lui-même reproduit le cube.

Les cubes composés de trois chiffres seulement, n'ayant qu'un chiffre à la racine, leurs racines se trouvent dans le tableau suivant.

Cubes :   1, 8, 27, 64, 125, 216, 343, 512, 729.
Racines : 1, 2, 3, 4, 5, 6,   7,   8,   9.

Nous ne nous occuperons que des nombres qui ont plus de trois chiffres à la racine.

Soit à extraire la racine cubique de 195112.

```
        195 112 | 58
Cube de 5. 125        3×5.= 15.×5.=  75 ..   1er diviseur, triple
                                             carré de 5.
1er dividende :  70 112       15.×8 = 120 .
                 70 112        8 ×8 =  64
Reste. . .    0                        8764   1er multiplicande
                                              par 8.
```

Ce nombre étant compris entre 1000 dont la racine est 10 et 1000000 dont la racine est 100, sa racine est comprise entre 10 et 100 et se compose par conséquent de dizaines et d'unités.

Nous avons vu que le cube d'un nombre de deux chiffres se compose de deux parties :

A. Le cube des dizaines.

B. Un produit qui a pour multiplicande :

    1° Le triple carré des dizaines ;

    2° Trois fois les dizaines par les unités ;

    3° Le carré des unités

et pour multiplicateur le chiffre des unités.

Cherchons d'abord le chiffre des dizaines de la racine; des dizaines élevées au cube ne peuvent donner moins que des mille ; cette racine sera donc comprise dans les 195 mille du cube. Mais le plus grand cube parfait contenu dans 195 est d'après le tableau ci-dessus 125 dont la racine est 5, donc 5 est le chiffre des dizaines de la racine et cette racine est comprise entre 50 et 60.

Retranchant 125 de 195 nous trouvons pour reste 70 à la droite duquel nous abaissons la tranche suivante 112 ce qui nous donne 70112.

Ce nombre est donc la 2e partie du cube du nombre cherché. C'est donc un produit qui a pour multiplicande :

    1° Le triple carré de 5. ou 75..

    2° Trois fois 5.×les unités.

    3° Le carré des unités

et pour multiplicateur le chiffre des unités.

Si nous divisons 70112 par 75.. la plus grande partie du multiplicande ou le triple carré des dizaines, nous obtiendrons le chiffre des unités ou un nombre trop fort.

Effectuant la division nous trouvons 9 pour quotient. Complétant le multiplicande avec ce chiffre 9 nous avons

$$3\times5. = 15.\times5. = 75..$$
$$15.\times9 = 135.$$
$$9\times9 = 81$$
$$\overline{8931}$$

Mais ce multiplicande 8931 multiplié par 9 donne 80379 nombre plus fort que 70112, donc 9 est trop fort; nous essayons 8.

$$3\times5. = 15.\times5. = 75..$$
$$15.\times8 = 120.$$
$$8.\times8 = 64$$
$$\overline{8764}$$

Le multiplicande 8764 multiplié par 8 donne 70112.

8 est donc le chiffre des unités de la racine et 58 est la racine cherchée.

Soit encore à extraire la racine cubique de 432081216.

```
             432.081.216 | 756
             343            3×7 = 21.×7 = 147..   1er diviseur.
1er dividende :  89 081          21.×5 =  105.
1er produit :    78 875           5 ×5 =   25
                                          ───────
2e dividende :  10 206 216                15775  1er multiplicande.
                10 206 216                   25
                ──────────                ───────
                     0                     16875.. 2e diviseur.
                            75×5 = 225×6 =  1350.
                               6 × 6          36
                                          ───────
                                          1701036  2e multiplic.
```

Ce nombre se composant de 9 chiffres est compris entre 1,000,000 dont la racine est 100 et 100000000 dont la racine est 1000; sa racine est donc comprise entre 100 et 1000 et se compose par conséquent de 3 chiffres ou de centaines, de dizaines et d'unités.

Séparant ce nombre en tranches de 3 chiffres à partir de la droite nous avons 432.081.216.

Des centaines élevées au cube ne pouvant donner moins que des millions, le chiffre des centaines de la racine ne peut se trouver que dans 432 millions.

Le plus grand cube contenu dans 432 est 343 dont la racine est 7, 7 est donc ce chiffre des centaines que je pose à la racine, je retranche 343 de 432 et à la droite du reste 89, j'abaisse la tranche suivante 081 ce qui me donne pour 2ᵉ partie 89081. Ce nombre 89081 contient un produit qui a pour multiplicande :

1° Le triple carré de 7.

2° 3 fois 7 multiplié par le 2ᵉ chiffre.

3° Le carré du 2ᵉ chiffre

et pour multiplicateur ce même 2ᵉ chiffre.

Si nous connaissions tout le multiplicande, en divisant 89081 par ce multiplicande, nous devrions trouver le multiplicateur. Mais nous connaissons la plus grande partie de ce multiplicande c'est-à-dire le triple carré de 7, ou $3 \times 7 . \times 7. = 147..$

Divisant donc 89081 par 147.. ou plus simplement 890 par 147, je trouve 6 pour quotient. Complétant le multiplicande avec 6 je trouve :

1°) $3 \times 7. = 21. \times 7 = 147 . .$
2°) $3 \times 7. = 21. \times 6 = 126 .$
3°) $ 6 \times 6 = \underline{36}$
$$15996$$

Multipliant ce multiplicande 15996 par 6 je trouve pour produit 95976 qui ne peut pas être contenu dans 89081 d'où je conclus que ce chiffre 6 est trop fort. Cela vient évidemment de ce que j'ai divisé par un nombre plus petit que le véritable diviseur. Je diminue donc 6 d'une unité et j'essaye 5.

1°) $3 \times 7. = 21. \times 7. = 147 . .$
2°) $3 \times 7. = 21. \times 5. = 105 .$
3°) $ 5 \times 5 = \underline{25}$
$$15775$$

Le multiplicande 15775 multiplié par le multiplicateur 5 donne 58875 qui retranché de 89081 donne pour reste 10206 le chiffre 5 est donc le chiffre des dizaines de la racine ; à côté du reste 10206 j'abaisse la dernière tranche et j'obtiens pour 3ᵉ et dernière partie du cube 10206216, produit composé d'un multiplicande formé de :

       1°) Le triple carré de 75.

       2°) 3 fois 75. $\times$ le chiffre des unités,

       3°) Le carré des unités

et d'un multiplicateur qui est le chiffre des unités.

En divisant 10206216 par la plus grande partie du multiplicande nous obtiendrons le chiffre des unités ou un chiffre trop fort. Formons d'abord ce diviseur incomplet, qui est le triple carré de 75. Nous avons vu dans l'élévation au cube qu'en ajoutant à un multiplicande quelconque 1 fois sa 2ᵉ partie et 2 fois sa 3ᵉ partie nous formons le triple carré des chiffres sur lesquels on avait opéré jusque-là ; donc à 15775 ajoutons 105 et 2 fois 25 et la somme 16875.. nous donnera ce triple carré ou le diviseur incomplet de 10206216 ; divisant donc 10206216 par 16875.. ou 102062 par 16875 nous trouvons 6 pour quotient. Complétant le multiplicande avec ce chiffre nous avons :

$$1°) \quad 3\times75.\times75. \quad = \quad 16875..$$
$$2°) \; 3\times75 = 225\times6 = \quad 1350 .$$
$$3°) \qquad 6\times6 \quad = \quad \underline{\qquad 36}$$
$$1701036$$

Ce multiplicande multiplié par 6 donne 10206216, nombre égal au dividende ; 6 est donc le chiffre des unités de la racine et 756 est la racine cherchée..

Nouveaux Problèmes d'Arithmétique.

100 ENIGMES HISTORIQUES, GÉOGRAPHIQUES ET AUTRES
RÉSOLUES PAR L'ARITHMÉTIQUE.

Recueil curieux renfermant environ 1200 Problèmes variés sur toutes les opérations de l'Arithmétique.

1. Jeune élève mon ami, tu passerais en vain ta vie à chercher un second moi-même ; tout mon être pourtant est renfermé dans 4 lettres dont la somme égale 39.

La somme des 3 premières égale 18 ;
Celle des 3 dernières égale 35 ;
Celle des 2 premières égale 13.

2. Jeunes enfants, ne nous imitez pas mon mari et moi, soyez plus obéissants envers vos parents que nous ne l'avons été envers notre bon père. Nos noms se composent l'un A de 4 lettres, l'autre B de 3.

La somme des 4 lettres de A égale 19 ;
Celle des 3 lettres de B égale 32 ;
La somme des 3 premières de A égale 6 ;
Celle des 2 premières de B égale 27 ;
La somme des 3 dernières de A égale 18 ;
Celle des 2 dernières de B égale 27 ;
La somme des 2 dernières de A égale 14.

3. Échappé par la volonté de Dieu aux fureurs d'un terrible élément, j'ai laissé à mes nombreux descendants une source de joie et de consolation dont ils usent, abusent même trop souvent sans penser que c'est à moi qu'ils le doivent; mon nom se compose de 3 lettres dont la somme égale 34.

La 3ᵉ lettre est le nombre qu'il faudrait retrancher de la somme pour obtenir 29 pour reste. Si de la première vous retranchez 9, vous trouverez pour reste la 3ᵉ.

4. Beaucoup me désirent mais peu me posséderont ; tu peux pourtant, cher lecteur, découvrir les 4 lettres dont je me compose, quand tu sauras que leur somme égale 29.

Que la 4ᵉ retranchée de la somme égale 17 ;

Que la somme des 3 dernières égale 26 ;

Et qu'il manque 20 unités à la 2ᵉ pour égaler la somme.

5. Je suis le premier roi et le fondateur d'un empire célèbre. Mon nom se compose de 5 lettres dont la somme est le nombre qui devrait être ajouté à 44 pour égaler 100.

La somme des deux premières augmentée de 45 est le nombre qui manque à 37 pour égaler 100 ;

Si de la somme des deux dernières vous retranchez 12 le reste sera 12 ;

La première est le nombre qui manque à 37 pour égaler 50 ;

La dernière augmentée de 993 égale 1012.

6. Je suis une ville célèbre dans l'histoire sainte ; mon nom se compose de 8 lettres dont la somme, augmentée de 2947, serait le total de 629 + 743 + 95 + 372 + 845 + 339 ;

La somme des 4 premières est le nombre qui manque à 73 pour égaler 103 ;

Celle des 3 dernières augmentée de 18 égale 52 ;

La somme des 3 premières indique le nombre d'années qu'a vécu un enfant né en 1859 et mort en 1864 ;

La somme des 2 premières augmentée de 59 est le nombre qui manque à 38 pour égaler 100 ;

Celle des 2 dernières, diminuée de 11 égale 8 ;

La somme des 7 dernières, augmentée de 6955, est le résultat de l'addition suivante : 1098 + 709 + 1877 + 683 + 472 + 154 + 1746 + 290 ;

Celle des 7 premières, augmentée de 649, est le résultat de l'addition : 128+92+173 + 65 + 114+ 148.

7. J'existe depuis la création du monde, et pourtant ma puissance n'a été reconnue que bien longtemps après. Mon nom se compose de 6 lettres dont la somme est le nombre qui manque à 917 pour égaler 1000.

La somme des 5 premières, retranchée de 1000, donnerait pour reste 935 ;

Celle des 5 dernières, retranchée de 1000 donnerait 939 ;

Celle des 2 premières, ajoutée à 177 donnerait 200 ;

Celle des 2 dernières, qui égale celle des 3 premières, diminuée de 19 égale 20.

8. Je suis père d'un illustre conquérant de l'Asie, mon nom se compose de 7 lettres dont la somme indique le nombre d'années qu'a vécu un homme né en 1790 et mort en 1858.

La somme des 6 premières, augmentée de 749 égale 812 ;

Celle des 6 dernières, diminuée de 37 égale 28 ;

Celle des 5 premières est le nombre qui manque à 58 pour faire 102 ;

Celle des 5 dernières, diminuée de 49 égale 15 ;

La somme des 3 premières, ajoutée à 117 égale 134 ;

Celle des 3 dernières, diminuée de 7, vous indique l'âge qu'avait à sa mort Napoléon Ier, né en 1769 et mort en 1821.

9. Je frayai le premier le chemin de la victoire ; mon nom se compose de 6 lettres dont la somme, augmentée de 1646, vous donnera l'année de la mort de Louis XIV, né en 1638 et mort à l'âge de 77 ans.

La somme des cinq dernières indique ce qui me reste à payer d'une dette de 329 fr. sur laquelle j'ai donné 274 fr. ;

La somme des 5 premières est le nombre qui manque à 694 pour égaler 759 ;

Si vous retranchez 3 de la 4e, le reste vous donnera la 5e, et la somme de ces 3 nombres est 36 ;

Si vous retranchez la 3e de la somme des 6 lettres, vous trouverez 56 pour reste.

Problèmes sur les quatre opérations des nombres entiers.

10. J'ai illustré par la sagesse de mes lois le pays qui m'a vu naître ; qui suis-je, quel est mon pays? Nos deux noms, que pour abréger nous représentons par A et B, se composent chacun de 5 lettres.

Le produit de B, qui est 76 fois plus petit que celui de A, égale 718200 ;

Le produit des 4 premières de A égale 51300 ;

Celui des 4 premières de B égale 1890 ;

Le produit des 4 dernières de A égale 37800 ;

Celui des 4 dernières de B égale 1350 ;

La 2e lettre de A est 3 fois plus forte que la 3e de B, et si vous ajoutez cette 2e lettre à la 1re de A vous aurez 34 ;

Si vous ajoutez 1 à la 2e de B vous aurez la 1re de A ;

Si vous multipliez la 4e de B par la 3e de B, vous aurez la 4e de A.

11. Ville célèbre dans l'histoire ancienne, mon nom se compose de six lettres dont le produit égale 547200 et la somme 79.

Le produit divisé par la 1re lettre égale 28800 ;

La somme de mes deux premières égale 35, celle des 5 premières est 74 ;

Le produit des 3 premières égale 304 ;

La somme des 4 premières est 54.

12. Une ville célèbre dans l'histoire ancienne dut sa grandeur à la législation que je lui donnai, mon nom se compose de huit lettres.

Le produit des 4 premières est le prix de 252 mètres d'ouvrage à raison de 75 fr. le mètre ;

Celui des 4 dernières est le prix de 378 mètres à 35 fr. le mètre ;

La 2e lettre est le nombre de mètres qu'on a eu pour 675 fr. au prix de 27 fr. le mètre ;

La 7ᵉ multipliée par la 2ᵉ est la somme qu'on a partagée entre 15 indigents qui ont eu chacun 35 francs ;

La 8ᵉ est 5 fois plus petite que la 2ᵉ ;

La 5ᵉ augmentée de 372 et le multiplicande d'une multiplication dont le produit est 1950 et le multiplicateur la 8ᵉ lettre ;

Le produit des 3 premières est le quotient d'une division dont le dividende est 51300 et le diviseur 57 ;

La 3ᵉ multipliée par 7 égale la 4ᵉ.

13. Pour nous reposer un peu, dites-moi quel est le nom et l'âge de ma fille, sachant que son nom se compose de 4 lettres dont la somme ajoutée à son âge égale 44.

Le produit des 4 lettres composant son nom est 169 ; si vous divisez ce produit par son âge vous aurez pour reste la 4ᵉ lettre ;

La somme des 3 dernières lettres égale 27 ;

La première est égale au résultat que vous obtiendrez en ajoutant 1 au produit des 4 lettres et en divisant le résultat par 34 ;

La 2ᵉ lettre est égale à la 3ᵉ.

14. Longtemps rivales notre union fit notre force ; nos deux noms se composent chacun de 4 lettres dont les produits sont pour A 17550 et pour B. 120.

Les produits des 3 premières de A et des 3 premières de B sont respectivement 3510 et 24 :

Ceux des deux premières sont 270 et 12 ;

Ceux des 3 dernières sont 975 et 120.

15. Je luttai longtemps mais en vain pour reconquérir un pouvoir que mon orgueil me fit perdre ; mon nom se compose de sept lettres dont le produit est celui de 2754 multiplié par 5880.

Le produit des 3 premières augmenté de 640 égale 1000 ;

Celui des 3 dernières diminuée de 1646 est aussi égal à 1000 ;

Le produit des 2 premières est égal au nombre de fois que 5 est contenu en 100 ;

Celui des 2 dernières est égal à 18×7.

La dernière augmentée de 6 est égale à la 1re et si vous augmentez la 1re de 80, vous aurez 100 pour résultat.

16. Souvent je m'enfonçai dans les profondeurs du bois d'Aricie pour m'inspirer des sages conseils d'une nymphe. Mon nom se compose de 4 lettres dont le produit divisé par 49 égale 78.

La 1re multipliée par 3 égale la 2e multipliée par 2,

Le produit des 3 dernières est le nombre qui manque à 227 pour égaler 500;

La 4e augmentée de 13 unités égale la 1re.

17. Je suis un fleuve de l'Asie ancienne; mon nom se compose de 7 lettres dont le produit égale la somme des 5 nombres suivants : $78987 + 643452 + 209871 + 98543 + 185147$.

Le produit des 3 premières est la somme des 4 nombres $178 + 347 + 154 + 121$;

Celui des 3 dernières est la somme des 5 nombres $378 + 292 + 427 + 139 + 284$;

Le produit des 2 dernières égale 80;

Celui des 2 premières égale 200;

Si vous ajoutez 4 à la 6e lettre vous la rendrez égale à la 5e partie de 100;

La 1re est le double de la 3e.

18. Je suis une ville célèbre par une grande victoire remportée sur les Perses par les Grecs; mon nom se compose de 6 lettres dont le produit, divisé par 64, égale 1500.

La 1re augmentée de la moitié d'elle-même égale 24;

La 2e augmentée du tiers d'elle-même égale la première;

Le produit des 3 premières, augmenté de la huitième partie de lui-même, égale 216;

La 4e diminuée des deux cinquièmes d'elle-même égale 12;

La 5e est le quart de la 4e.

19. Près de mes bords, un roi dépossédé perdit tout espoir de ressaisir le pouvoir; mon nom se compose de 7 lettres dont le produit, diminué de 2400, serait le prix de construction de 51 kilomètres de chemin de fer à raison de 80000 fr. le kilom.

Le produit des 6 premières est le nombre d'heures qu'il y a en 94 ans 6 mois, en divisant l'année en 12 mois de 30 jours ;

Le produit des 6 dernières est le nombre de minutes qu'il y a en 5 mois et 7 jours 12 heures (le mois de 30 jours) ;

Le produit des 5 premières est le prix de 1512 mètres d'ouvrage à raison de 45 fr. le mètre ;

Le produit des 5 dernières est le prix de 63 mètres d'ouvrage à raison de 720 fr. le mètre ;

Le produit des 4 premières est le nombre de mètres d'ouvrage qu'on aurait pour 323190 fr., à raison de 57 fr. le mètre ;

Le produit des 4 dernières est le nombre de mètres d'ouvrage qu'on aurait pour 486000 fr., à raison de 75 fr. le mètre.

20. J'étais une dignité briguée dans certaine forme ancienne de gouvernement; mon nom se compose de 8 lettres dont le produit est égal au nombre de secondes contenues dans 1 an 11 mois 8 jours et 6 heures (année 12 mois — mois de 30 jours).

Le produit des 7 premières est égal au nombre de minutes contenues dans 5 ans 9 mois 24 jours 18 heures ;

Le produit des 7 dernières est égal au nombre de minutes contenues dans 38 ans 9 mois 15 jours ;

Le produit des 6 premières est le dividende d'une division dont le diviseur est 11340 et le quotient 266 ;

Celui des 6 dernières est le dividende d'une division dont le quotient est 977, le diviseur 1372 et le reste 196 ;

Le produit des 5 premières est le diviseur d'une division dont le dividende est 23126105, le quotient 92 et le reste 65 ;

Celui des 5 dernières est le quotient d'une division dont le dividende est 12257378, le diviseur 128 et le reste 98 ;

Le produit des 4 premières est le nombre par lequel on devrait multiplier 99 pour avoir 1185030.

21. Poète recherché, favori d'Auguste et de la cour, je terminai mes jours dans l'exil.

Mon nom se compose de 5 lettres dont le produit divisé par la somme égale 1080, et si dans cette division vous ajoutez le dividende, le diviseur et le quotient, vous aurez pour somme 60535.

Le produit des 4 premières égale 11880 ;

La somme des 4 dernières égale 40 ;

Le produit des 3 premières égale 2970 ;

La somme des 3 dernières égale 18.

22. Grand général romain, mes nombreuses victoires me rendirent l'idole du peuple.

Mon nom se compose de 6 lettres dont le produit divisé par la somme égale 10374, et dans cette division la somme du dividende, du diviseur et du quotient égale 850749.

Le produit des 5 premières est le nombre qui manque à 55774 pour faire 100000 ;

La somme des 5 dernières égale 6 fois 34 divisé par 3 ;

Le produit des 4 premières divisé par 9 fois 13 égale 18 ;

La somme des 4 dernières est le nombre qui manque à 33 pour égaler 100 ;

Le produit des 3 premières est le quotient d'une division dont le dividende est 54756 et le diviseur 234.

23. Romain célèbre, mes nombreuses victoires m'élevèrent aux plus hautes dignités, mais mon ambition m'en fit déchoir.

Mon nom se compose de 6 lettres dont le produit égale le nombre de minutes contenues dans 2 ans 4 mois 26 jours 16 heures, et dont la somme égale le nombre d'années contenues dans 36288000 minutes.

Le produit des 5 premières lettres est le dividende d'une

division dont le diviseur est 1098, le quotient 227 et
le reste 354 ;

La somme des 5 dernières est le diviseur d'une division
dont le dividende est 48754, le quotient 902 et le
reste 46 ;

Le produit des 4 premières lettres est le montant d'un
héritage dont un quart a été donné aux pauvres et
les 3 autres quarts partagés entre 24 héritiers, qui
ont eu chacun 1560 fr.;

La somme des 4 dernières est le nombre d'années contenues dans 1229904000 secondes (année de 365 jours);

Le produit des 3 premières est la valeur d'un héritage
dont 500 fr. ont été donnés aux pauvres, et le reste
partagé entre 10 héritiers qui ont eu chacun 262 fr.

24. Martyr de la science, j'ai fait faire à l'anatomie des pro-
grès marquants; mon nom se compose de 6 lettres dont le
produit égale 125400.

Le produit des 5 premières égale 25080 ;

Celui des 5 dernières égale 5700 ;

La 1re multipliée par la 2e donne 110 ;

La 2e multipliée par la 3e égale 95;

La 5e multipliée par la 6e égale 60.

25. Quoique d'opinion différente, nous nous distinguâmes
l'un et l'autre dans la science que nous cultivâmes.

Nos noms se composent chacun de 8 lettres.

Si nous représentons l'un par A et l'autre par B le produit de A égale 36288×675 ;

Celui de B égale 18720×5000 ;

Le produit des 7 premières de A égale 4032×2025 ;

La 8e de B égale 10 fois la 8e de A divisé par 6 ;

Le produit des 6 premières de B égale 4680×800 ;

La 7e de A égale 18 fois la 7e de B divisé par 10 ;

Le produit des 5 premières de A compose la fortune d'un
particulier qui possède une maison évaluée à 15285 fr.;
6 hectares de terre valant chacun 6535 fr. et un mou-
lin avec ses dépendances de la valeur de 10305 fr.;

La 6ᵉ de B est d'une unité plus petite que la 6ᵉ de A ;

La 5ᵉ de A est le nombre de mètres de drap qu'on aurait pour 252 fr. à 14 fr. le mètre et la 5ᵉ de B augmentée de 13 égalerait celle de A ;

La 4ᵉ de A augmentée de 19 serait le double de la 4ᵉ de B qui, elle-même, est 4 fois plus grande que la 8ᵉ de A ;

Le produit des 2 premières de A égale 45 ;

Celui des 2 premières de B égale 320 ;

La 2ᵉ de A est de 5 unités plus petite que la 2ᵉ de B, et leur somme est 35.

26. Je suis une petite rivière sur les bords de laquelle les Romains essuyèrent une grande défaite.

Mon nom se compose de 5 lettres dont le produit divisé par la somme donne 37 pour quotient et 1 pour reste ; dans cette division, la somme du dividende, du diviseur, du quotient et du reste égale 1369.

Le produit des 4 premières égale 1296 ;

La somme des 4 dernières égale 34 ;

Si les 3 autres lettres étaient égales à la 3ᵉ, leur somme égalerait 36 ;

La 4ᵉ est de 3 unités plus petite que la 3ᵉ.

27. Mon frère et moi fûmes victimes de notre amour pour le peuple.

Mon nom se compose de 8 lettres dont le produit divisé par la somme donne 45246 pour quotient et 48 pour reste. La somme du dividende, du diviseur, du quotient et du reste égale 3665102.

Le produit des 7 premières égale 190512 ;

La somme des 7 dernières égale 73 ;

Le produit des 6 premières égale 9072 ;

La somme des 6 dernières égale 55 ;

Le produit des 5 premières égale 1134 ;

La somme des 5 dernières égale 54 ;

La somme des 4 premières égale 29.

28. Mon règne ne fut célèbre que par mes crimes et ma débauche.

Mon nom se compose de 5 lettres dont le produit représente le montant d'un héritage à partager ainsi : un quart à des œuvres de bienfaisance, soit : 1° fondation de 9 lits dans un hospice, à 5250 fr., et le reste de ce quart qui fait juste le produit des 4 premières lettres, à partager entre 150 pauvres ; les 3 autres quarts doivent être partagés entre 5 enfants qui ont chacun 39690 francs.

Le produit des 3 premiers est la somme qui a servi à payer la semaine de 60 ouvriers qui gagnent chacun 21 fr. par semaine.

Avec la somme fournie par le produit des 4 dernières lettres, un négociant payerait la rétribution annuelle de 4 commis à 1350 fr. chacun, plus le loyer de sa maison montant à 5675 fr., plus ses contributions s'élevant à 477 fr., plus l'entretien d'une voiture et de deux chevaux dont les frais, avec les gages du cocher, montent à 5360 fr., plus enfin les frais de pension, d'habillement et d'entretien de son fils qui sont de 1988 fr.;

La 3e lettre est le nombre d'ouvriers qu'on pourrait entretenir pendant 6 semaines avec 1944 fr. en donnant à chaque ouvrier 3 francs par jour.

29. Je suis ce qu'un Français doit aimer le plus.

Mon nom se compose de 6 lettres dont la somme, multipliée par 298, égale 14006.

La 1re est le tiers de la 2e et leur somme égale 24 ;

La somme des 5 premières est le quotient d'une division dont le dividende est 3948 et le diviseur 94 ;

La 4e égale 35 fois 476 divisé par 1190 ;

La somme des 3 dernières est le nombre d'années contenues dans 11563200 minutes (année 365 jours).

30. Nous sommes deux noms propres dont le premier A fit la gloire du second B.

Nous nous composons chacun de 5 lettres ;

La 1re lettre de A ou du premier mot ajoutée à la 1re de B ou du 2e mot égale 10, et la 1re est de 4 unités plus grande ;

La 2ᵉ de A ajoutée à la 2ᵉ de B égale 6, et cette dernière est de 4 unités plus grande que l'autre ;

La 3ᵉ de A ajoutée à la 3ᵉ de B égale 40, et leur différence qui est en faveur de A est de 2 ;

La 4ᵉ de A ajoutée à la 4ᵉ de B égale 13, et leur différence qui est encore en faveur de celle de A est de 11 ;

La 5ᵉ de A ajoutée à la 5ᵉ de B égale 23, et leur différence qui est en faveur de celle de B est de 13.

31. Nos trois noms A, B, C vous rappelleront un fait historique important dans l'histoire de notre religion. A et B ont chacun 5 lettres, C en a 7.

La somme des lettres de A augmentée de 64, celle de B de 32 et celle de C de 9, égalent chacune 100 ;

Les 4 premières de A multipliées par 5 égalent 155 ;

Les 4 dernières de A   —   par 6   —   132 ;

Les 2 premières de A   —   par 7   —   161 ;

Les 2 dernières de A   —   par 8   —   80 ;

Si vous doublez la 2ᵉ de A vous aurez la 2ᵉ de B ;

Le triple de la 3ᵉ de A donne la 3ᵉ de B ;

La 1ʳᵉ de A augmentée de 7 égale la 4ᵉ de B ;

Si vous multipliez 4009 par 76 et que vous divisiez le produit par 16036, vous connaîtrez à la fois la 5ᵉ de B et la 1ʳᵉ de C ;

52 fois 398 divisé par 1592 donne la 3ᵉ de C ;

Dans le mot C la 3ᵉ × 4ᵉ égale 26, et ce produit 26 augmenté de 4 et divisé par 2 donne la 5ᵉ qui elle-même est triple de la 7ᵉ ;

96 fois 748 divisé par 5984 donne la 6ᵉ de C ;

Enfin si vous multipliez 31850 par 789 et que vous divisez le produit par 77322, vous aurez la date de ce fait historique.

32. Nos deux noms A et B l'un historique l'autre géographique rappellent une époque de l'histoire de France. Ils se composent chacun de 7 lettres.

Le produit des lettres de A est le dividende d'une division dont le diviseur est 291600 et le quotient 14 ;

Le produit des lettres de B est le nombre de minutes
contenues en 75 ans 187 jours 12 heures (année 365 j.)

Celui des six premières de A est le nombre d'heures
comprises dans 33 ans 105 jours ;

Celui des six premières de B est le nombre de tours que
ferait une roue pour parcourir une certaine route alors
qu'une autre roue dont la circonférence est 3 fois plus
petite a tourné 4762800 fois ;

Le produit des six dernières de A est le prix de 64800
hectolitres de blé à 21 fr. l'hectolitre ;

Celui des six dernières de B. est le dividende d'une division dont le diviseur est 2100 et le quotient 945 ;

75 fois 6954 divisé par 34770 donne pour résultat la 3^e
et la 6e de A et la 2e de B ;

Le produit des 3 premières de A est le prix de 45 mètres d'ouvrage, alors qu'on a payé 324 fr. pour 27 mètres du même ouvrage ;

Celui des 3 premières de B est le nombre de mètres
d'ouvrage que feraient 25 ouvriers alors que 36 ouvriers de même force en ont fait 9072 dans le même
temps ;

27 fois 54 divisé par 81 donne la 4e de B, qui elle-même
est double de la 5e de A et qui surpasse de 4 unités
la 5e de B ;

Enfin si vous divisez le produit des 7 lettres de B par
le nombre marquant l'année dans laquelle ce fait est
arrivé, vous trouverez pour quotient 92733 et pour
reste 276.

33. Longtemps encore après moi mon nom seul jetait la
terreur parmi les populations ; six lettres composent ce
nom ; leur produit est la somme qu'il faudrait payer pour
1440 journées de travail alors que pour 897 journées on a
payé 26910 fr.

Le produit des 5 dernières est la somme qu'on aurait
payée pour 450 journées de travail, alors que pour 58
journées on aurait payé 5568 fr. ;

Le produit des 5 premières est la somme qu'on devrait
payer pour 576 journées de travail alors que pour 75
journées on eût payé 5625 fr. ;

La 2e lettre indique le nombre d'ouvriers qu'il faudrait
employer pour terminer en 8 jours un ouvrage que 5
ouvriers n'auraient terminé qu'en 32 jours ;

La 3e indique le nombre de jours qu'il faudrait à 15 ouvriers pour terminer un travail que 25 ouvriers eus-
sent terminé en 12 jours ;

Le produit des 4 premières lettres est le nombre de
minutes contenues dans 2 jours et 12 heures.

34. Quoiqu'emblème de la force, mon nom qui se compose
de 4 lettres n'a plus rien d'humain.

La somme de mes lettres est égale au résultat qu'on
trouverait en retranchant 98 de 148 ;

La 1re lettre multipliée par 17 est le résultat qu'on
obtient en retranchant 6753 de 6957 ;

La 2e lettre multipliée par 23 donne le résultat qu'on
obtient en divisant 2044332 par 9876 ;

Si on multiplie la 1re lettre par la 2e, qu'on retranche 3
du résultat et qu'on divise ce reste par la 3e lettre on
trouve 7 pour quotient.

35. Je fais le charme des intelligences sensibles. Mon nom
se compose de six lettres dont le produit égale 1026000.

13 fois la 1re est le nombre qui manque à 3576 pour
égaler 3784 ;

Si vous retranchez 7 de la 2e lettre, que vous multipliez
ce résultat par 92 et que vous ajoutiez 264 au produit
vous trouverez 1000 pour résultat ;

Si vous ajoutez 11 à la 3e lettre, que vous divisiez ce
résultat par 4 et que vous retranchiez 4 du résultat,
vous aurez 0 pour reste ;

Si vous multipliez la 4e lettre par 675 et que vous divisiez le produit par 57, vous trouverez 225 pour quotient ;

Si vous ajoutez 56 à la 5e, que vous multipliez cette somme

par 57 et que vous divisiez le produit par 39 vous trouverez 95 pour quotient.

36. Je suis le fondateur d'une dynastie. Mon nom se compose de 7 lettres dont la somme retranchée de 1000 égale 917 et dont le produit représente en argent une somme pesant 48262500 grammes. (Une pièce de 5 fr. pèse 25 grammes.)

La 2e, la 6e et la 7e lettre qui sont égales, donnent pour somme 15 ;

La somme des six dernières lettres est le prix de 5 mètres d'étoffe dont 12 mètres ont coûté 168 fr.

Le produit des 3 premières est le nombre d'ouvriers qu'il faudrait employer pour terminer en 54 jours un ouvrage qui eût été fait en 36 jours par 1755 ouvriers de même force ;

La somme des 3 dernières est le nombre de jours qu'emploieraient 15 ouvriers pour faire un ouvrage que 10 ouvriers ont terminé en 48 jours.

37. C'est moi A qui m'engageai à B de suivre la doctrine du vrai Dieu. Nos noms, se composent de 6 lettres chacun.

Le produit de A est le nombre qui manque à 7968520 pour égaler 10000000.

La somme de B est 28215 fois plus petite que le produit de A ;

Le produit des 5 dernières de A divisé par la somme de B égale 9405 ;

La somme des 5 dernières de B multipliée par le produit des 5 dernières de A égale 36566640 ;

Le produit des 5 premières de A divisé par la somme des 5 dernières de B égale 1980 ;

La somme des 5 premières de B multipliée par 1998 et augmentée de 1026 égale le produit des 5 premières de A ;

Si vous multipliez la 6e lettre de A par la 4e de B qui est égale à la 5e de A vous aurez pour produit le nombre qui multiplié par 37 égale 6327 ;

Là somme des 3 dernières lettres de B est le nombre
qui multiplié par 41 égale 1681 ;

Le produit des 3 dernières de A est le nombre de poires
qu'a achetées une fruitière qui après les avoir payées
à raison de 3 poires pour 15 centimes les revend sur
le pied de 4 pour 32 centimes et gagne sur son marché 11286 centimes ;

5 fois la 4e de B divisée par 3 égale la 3e de A ;

6 fois la 2e de B divisée par 4 égale la 2e de A ;

Si vous divisez le produit de A par la date de ce fait
historique, vous trouverez 4095 pour quotient et 360
pour reste.

38. A se couvrit à B d'une grande gloire qui lui valut un
surnom, image frappante de la force de son bras.

A se compose de 7 lettres, B de 8 ;

Le produit des lettres de A est le prix de 1710 mètres
d'ouvrage à raison de 288 fr. le mètre ;

Celui de B est 1350 fois plus grand que celui de A ;

La 4e lettre de A égale la 7e de B ;

La 6e » A » 6e de B ;

La 7e » A » 8e de B ;

La 3e » B » 5e de B ;

Le produit des 6 dernières de A est le nombre qui
manque à 35840 pour faire 200000 ;

Celui des 7 dernières de B est le nombre de secondes
contenu dans 1 an (365 j.) 115 jours 22 heures 30 m. ;

Le produit des 6 premières de A égale le prix de 1440
hectolitres de blé à 18 fr. l'hectolitre ;

La 7e de B multipliée par la 7e de A égale 342 ;

Le produit des 3 dernières de B égale 1710 ;

Le produit des 3 dernières de A égale 1140 ;

576 fois la 3e de B divisé par 81 égalent 64 ;

Le produit des 2 premières de A égale 24 ;

Celui des 2 premières de B égale 240 ;

Si vous divisez le produit de B par la date vous trouverez pour quotient 908262 et pour reste 216.

39. A commandait B dans une célèbre bataille qu'il perdit contre les Français et de l'issue de laquelle dépendait l'existence de la France.

A se compose de 8 lettres, B de neuf;

La somme des lettres de A augmentée de 11 est le nombre d'ouvriers qu'il faudrait employer pour terminer en 16 jours un ouvrage qui n'aurait pu être fait qu'en 24 jours par 40 ouv.;

La somme de B augmentée de 26 est le nombre de mètres que feraient 6 ouvriers alors que 19 ouvriers de même force en ont fait dans le même temps 456;

La somme des 7 premières de A est le bénéfice que réalise un marchand en vendant 256 francs une marchandise qu'il a payée 212 francs;

Celle des 8 premières de B représente la somme pour laquelle on devrait céder une marchandise qu'on a payée 78 fr. et sur laquelle on veut gagner 21 fr.;

425 fois la 5e de A, qui est égale à la 3e et à la 4e de B, divisée par 45 égale 170;

24 fois la 6e de A qui est égale à la 1re de A, à la 2e et à la 5e de B, divisée par 8 et diminuée de 2 égalent 1;

La 9e de B est égale à la 1re et à la 6e de B;

La somme des 2 dernières de A est le gain effectué sur une marchandise achetée 72 fr. et revendue 90 fr.;

La somme des 2 premières de A multipliée par 64 et divisée par 48 égale 4;

Celle des 2 dernières de B multipliée par 99 et divisée par 27 égale 121;

La somme des 5 dernières de A multipliée par 42 égale 1764.

40. Je suis un instrument indispensable à la guerre, mon nom se compose de six lettres dont le produit est le résultat de la multiplication suivante : $2 \times 2 \times 2 \times 2 \times 2 \times 2 \times 3 \times 3 \times 5 \times 5 \times 19$.

Le produit des 5 premières est le bénéfice qu'a fait un marchand en vendant à 148 fr. 304 balles de café qu'il avait payées à raison de 103 francs la balle ;

Celui des 5 dernières est le quotient d'une division dont le diviseur est 927 et le dividende 13,348,800 ;

Le produit des 2 premières est le nombre qui manque à 612 pour égaler 897 ;

Celui des 2 dernières multiplié par 12 et divisé par 16 égale 15 ;

24 fois la 1re divisée par 38 égale la 3e.

41. A fut un puissant roi de B.

A et B se composent chacun de 9 lettres ;

Le produit des lettres de A diminué de 33600 égale 84 fois la distance de la lune à la terre, distance qui est de 86000 lieues ;

Le produit des lettres de B est égal à 27000 multiplié par 273 ;

Celui des 8 premières de A est le prix de 5760 mètres d'ouvrage à 252 fr. le mètre ;

Celui des 8 dernières de B est le quotient d'une division dont le dividende est 242676000 et le diviseur 428 ;

Si vous multipliez la 6e de A par 27 et que vous divisiez le résultat par 63 vous trouverez 6 pour quotient ;

Si vous ajoutez 3 à la 8e de A, que vous multipliiez le résultat par 1000, et que vous divisiez le résultat par 75, vous aurez pour quotient 280 ;

4 fois la 6e de B divisée par 12 égale 5 ;

La 7e de B est triple de la 3e et leur somme égale 12 ;

La 8e de B égale la 6e de A ;

Le produit des 4 dernières de A égale 5040 ;

La 3e de A égale la 9e ;

Le produit des 3 premières de A égale 60 et la 2e est 12 fois plus grande que la 1re ;

La 4e de A est le nombre d'ouvriers qu'il faudrait employer pour terminer en 54 jours un ouvrage que 8 ouvriers de même force auraient fait en 162 jours ;

Le produit des 3 premières de B égale 39 ;

Celui des 4 dernières de B égale 9450 ;

La 4e de B égale la 9e.

42. De mes rigueurs redoute les excès.

Mon nom se compose de 5 lettres dont la somme est 62;

La 5e est double de la 2e et leur somme est 27;

La 1re multipliée par la 2e égale 72;

La 4e multipliée par la 5e égale 90.

43. Je représente une fortune que le plus rusé voleur ne peut enlever à qui me possède. Mon nom se compose de 7 lettres dont le produit est 538650.

Le produit des 6 premières est 107730;

Celui des 6 dernières est 28350;

9 fois la 1re divisée par la 2e égale 57;

La 3e est triple de la 2e;

La 4e égale la 7e;

75 fois la 5e divisée par 25 égale 42.

44. Je manifestai ma funeste existence en Campanie, dans l'ancienne Italie. Mon nom se compose de 6 lettres dont la somme augmentée de 2 unités est le nombre de mètres que feraient 12 ouvriers alors que 36 ouvriers de même force en ont fait 288.

873 fois la 1re divisée par 99 = 194;

Si vous multipliez la 2e par 27 et que vous divisiez le résultat par 45, vous trouverez 3 pour quotient;

La 3e retranchée de 376 égale 357;

41 fois la 4e retranchée de 6954 forment le nombre qu'il faut ajouter à 3745 pour avoir 9838;

La 5e est le prix de revient d'un hectolitre de blé, alors que 378 hectolitres ont coûté 8316 fr.

45. Le premier A est une ville de Belgique traversée par le 2e B. L'un et l'autre se composent de 5 lettres.

Le produit de A ajouté à 31204 égale 100000;

Celui de B ajouté à 870325 égale 1000000;

54 fois la 1re de A augmenté de 4769 égale 5525, nombre égal à 425 fois la 1re de B;

6 fois le double de la 2e de A divisé par 4 égale 3;

Si vous ajoutez 15 à la 3ᵉ de A vous formerez le diviseur d'une division dont le dividende est 10500 et le
quotient 375; ce dernier nombre 375 est égal à 75 fois
la 5ᵉ de B qui elle-même est égale à la 2ᵉ du même
mot;

La 4ᵉ de A qui est égale à la 3ᵉ de B vaut 21 fois le
quotient d'une division dont le dividende est égal au
diviseur.

46. Le premier A est une autre ville de la Belgique arrosée
par le 2ᵉ B. L'un et l'autre se composent de 6 lettres.

Le produit de A retranché de 1000000 égale 473320.

Celui de B retranché du même nombre 1000000 égale
880300;

9 fois la 3ᵉ de A égale 11 fois la 5ᵉ de A, qui elle-
même est le nombre d'ouvriers qu'on devrait employer pour terminer en 65 jours un ouvrage que 90
ouvriers auraient fait en 13 jours;

La 1ʳᵉ de B est 4 fois plus petite que la 6ᵉ de B, et leur
différence égale 15;

783 fois la 2ᵉ de A divisé par 87 égale 126;

La 4ᵉ de A est égale à la 1ʳᵉ de B;

La 3ᵉ de A moins 1 égale la 5ᵉ de B;

La 6ᵉ de A qui est égale à la 2ᵉ de B est le diviseur
d'une division dont le dividende est 4728, le quotient
248 et le reste 16;

La 4ᵉ de B augmentée de 23 unités et divisée par 6
égale 4.

47. A est une ville de France traversée par B. L'un et
l'autre se composent de 5 lettres.

Le produit de A est la somme qu'a dû payer un négociant pour 342 balles de café à 144 francs;

Celui de B est le prix de 70 pièces de vin fin à raison
de 855 fr. la pièce;

Le produit des 4 dernières de A multiplié par 59 égale
181602;

Celui des 4 dernières de B divisé par 45 égale 1470;

Le produit des 2 premières de A est le nombre de jours
  qu'emploieraient 10 ouvriers pour faire un ouvrage,
  alors que 32 ouvriers le termineraient en 5 jours ;
Celui des 2 premières de B est égal au nombre d'années
  contenues en 49932000 minutes (année 365 jours).
Le produit des 3 premières de A augmenté de 647 égale
  935 ;
Celui des 3 premières de B augmenté de 978 égale 1833 ;
La 4e de A égale la 3e de B ;
La 5e de B égale la 2e de B.

48. Cherchez un mot composé de 8 lettres qui soient telles
que :
  1o La 1re multipliée par 4 et diminuée de 4 ;
  2o La 2e augmentée de 3 et divisée par 4 ;
  3o La 3e diminuée de 5 unités ;
  4o La 4e augmentée de 16 unités et divisée par 4 ;
  5o La 5e multipliée par 6 et divisée par 4 ;
  6o La 6e multipliée par 3 ;
  7o La 7e divisée par 7 ;
  8o La 8e multipliée par 18 et divisée par 5, forment par
    ordre les 8 lettres du mot *Hamilcar*.

49. Cherchez un autre mot de 6 lettres qui soient telles qu
  1o 3 fois la 1re augmentée de 7 ;
  2o 15 fois la 2e ;
  3o 3 fois la 8e diminuée de 2 ;
  4o La 4e diminuée de 3 ;
  5o 5 fois la 5e ;
  6o 5 fois la 6e divisée par 18, forment par ordre le mot
    Pompée.

50. Cherchez un mot composé de 8 lettres qui soient telles
que :
  1o 15 fois la première divisée par 13 et diminuée de 2 ;
  2o 9 fois la deuxième ;
  3o 4 fois la troisième divisée par 6 ;
  4o 20 fois la quatrième ;
  5o 5 fois la cinquième diminuée de 1 et divisée par 11 ;

6° La sixième augmentée de 4 et divisée par 12 ;

7° 8 fois la septième divisée par 30 ;

8° 25 fois la huitième divisée par 70 ;

Forment par ordre le mot *Miltiade*.

III. Des Fractions ordinaires.

51. Je suis le secours des affligés, l'espoir des malheureux.
Mon nom se compose de 5 lettres dont la somme est
égale au quotient de $378\frac{11}{25}$ divisé par $\frac{9461}{1725}$.

La somme des 4 premières égale le produit de $7\frac{8}{11}$ multiplié par $5\frac{14}{17}$;

La somme des 4 dernières égale le produit de $4\frac{5}{7} \times 14$;

La somme des 3 premières est le diminuende d'une soustraction dont le diminueur est $17\frac{5}{16}$ et le reste $18\frac{11}{10}$;

La 3° est égale à la somme des nombres suivants : $2\frac{4}{5} + 6\frac{5}{6} + 1\frac{2}{9} + 3\frac{15}{18} + 1\frac{5}{18}$.

52. Cherchez un mot composé de 6 lettres qui soient telles que :

1° Les $\frac{2}{3}$ de la première ;

2° 8 fois la deuxième divisée par $3\frac{1}{5}$;

3° La troisième divisée par 18 ;

4° 25 fois la quatrième divisée par $3\frac{2}{4}$;

5° 9 fois la cinquième divisée par la moitié de 18 ;

6° 13 fois la sixième divisée par $49\frac{1}{5}$;

Forment par ordre le mot *Platée*.

53. Cherchez un mot composé de 7 lettres qui soient telles que :

1° Le tiers de la première ;

2° La deuxième divisée par $\frac{1}{4}$;

3° La troisième augmentée de 15 et divisée par $2\frac{1}{4}$;

4° La quatrième divisée par $3\frac{2}{5}$;

5° 21 fois la cinquième divisée par $22\frac{1}{2}$;

6° 24 fois la sixième divisée par $76\frac{4}{5}$;

7° 15 fois la septième divisée par la moitié de 30 ;

Forment le mot *Athènes*.

54. A l'aide du second B, le premier A détruisit une ville célèbre dans l'histoire ancienne. Ces deux mots se composent de 6 lettres chacun. Le produit de A est $358 \frac{1503}{1584}$ fois plus grand que celui de B et la somme de ces deux produits égale 11403180.

Le produit des 5 premières de A est le résultat qu'on obtiendrait en additionnant $19 \frac{4}{5} + 28 \frac{3}{11} + 72 \frac{18}{33} + 142 \frac{4}{15} + 98 \frac{30}{60} + 219 \frac{637}{990} + 456 \frac{599}{660}$, et en multipliant le résultat par $2190 \frac{25230}{29363}$.

Le produit des 5 premières de B est le résultat qu'on obtiendrait en multipliant $10 \frac{5}{37}$ par $260 \frac{12}{25}$;

Le produit des 4 premières de A est $45 \frac{15}{44}$ fois plus fort que celui des 4 premières de B et leur somme égale 122340 ;

Le produit des 3 premières de A est $52 \frac{1}{2}$ fois plus fort que celui des 3 premières de B, et leur somme égale 6420 ;

La 3e lettre de A est 5 fois plus forte que la 3e de B; et leur somme égale 30 ;

Le quart de la 2e de B divisé par le quart de la 2e de A égale $\frac{2}{3}$.

55. Le premier nom A remporta au second B une célèbre bataille navale.

Ces deux noms se composent chacun de 6 lettres.

Le produit de A est égal au quotient de 2700000 divisé par $27 \frac{3}{11}$;

Le produit de B est égal à $38 \frac{4}{13} \times 3852 \frac{120}{287}$;

La somme de A s'obtient en ajoutant les nombres fractionnaires suivants : $3 \frac{8}{15} + 5 \frac{11}{25} + 7 \frac{17}{30} + 3 \frac{7}{8} + 12 \frac{3}{16} + 19 \frac{4}{11} + 8 \frac{7}{55} + 5 \frac{3989}{4400}$;

La somme de B s'obtient en multipliant $15 \frac{7}{12}$ par $4 \frac{56}{187}$;

Le produit des 5 dernières de A est égal au quotient de 9600 divisé par $1 \frac{15}{33}$;

La somme des 5 dernières de B est égale à la somme des 6 lettres de A ;

Si on réduit la fraction $\frac{39600}{102960}$ à sa plus simple expression, le numérateur donnera la 6e de A et le dénominateur la 6e de B ;

La somme des 4 premières de A multipliée par $\frac{7}{9}$ donne pour produit $30\frac{1}{3}$;

Le produit des 4 premières de B divisé par $\frac{11}{10}$ donne pour quotient $932\frac{8}{11}$;

Le produit des 3 premières de A multiplié par $5\frac{7}{8}$ égale $5287\frac{1}{2}$;

La somme des 3 premières de B divisée par $\frac{7}{8}$ égale $27\frac{3}{7}$;

Si vous réduisez à sa plus simple expression la fraction $\frac{31878}{59202}$ et que vous ajoutiez le numérateur et le dénominateur de la fraction résultante, la somme sera en même temps la 3e lettre de A et la 3e de B.

56. Longtemps ennemis, le premier A finit par vaincre le second B.

Nos deux noms se composent chacun de 7 lettres.

Le produit de B qui n'est que 42336 est $366\frac{9072}{21168}$ fois plus petit que celui de A ;

Si à la somme de B on ajoute $7\frac{11}{15}$ et qu'on divise le résultat par $\frac{7}{8}$, on trouve pour quotient $69\frac{43}{105}$;

Si de la somme de A on retranche le même nombre $7\frac{11}{15}$ et qu'on multiplie le reste par $\frac{7}{8}$, on trouve pour produit $67\frac{73}{120}$;

Le produit des 6 dernières de B, augmenté de $15\frac{7}{20}$ et divisé par $13\frac{3}{4}$, égale $3080\frac{27}{275}$;

La somme des 6 dernières de A, diminuée de $10\frac{7}{8}$ et multipliée par $15\frac{7}{12}$, égale $859\frac{1}{32}$;

Le produit des 6 premières de B augmenté de $22\frac{11}{20}$ et divisé par $15\frac{3}{5}$ égale $227\frac{187}{312}$;

Le produit des 6 premières de A divisé par $108\frac{9}{25}$, égale $10225\frac{275}{304}$;

La somme des 5 premières de B multipliée par $98\frac{11}{18}$ et augmentée de $55\frac{5}{9}$ égale 4000 ;

La somme des 5 premières de A divisée par $75\frac{1}{5}$ égale $\frac{280}{9}$;

Le produit des 4 premières de B divisé par $25 \frac{6}{11}$ et diminué de $8 \frac{7}{8}$, égale $60 \frac{101}{2248}$;

Le produit des 4 premières de A augmenté des $\frac{7}{8}$ de lui-même égale 15390 ;

Si vous réduisez à sa plus simple expression la fraction $\frac{102834}{109826}$, le numérateur vous donnera la somme des 3 premières de B et le dénominateur celle des 3 premières de A ;

Si vous réduisez encore à sa plus simple expression la fraction $\frac{416556}{1695978}$, le numérateur sera le produit des 2 premières de B et le dénominateur celui des 2 premières de A.

57. Le premier A se signala dans une bataille au second B. A et B se composent chacun de 8 lettres.

La somme des lettres de A est égale à la somme des nombres suivants : $7 \frac{5}{9} + 10 \frac{11}{12} + 9 \frac{17}{24} + 16 \frac{8}{35} + 8 \frac{5}{6} + 4 \frac{13}{24} + 5 \frac{20}{32} + 3 \frac{55}{1260} + 2 \frac{3}{224} + 4 \frac{257}{1680}$;

La somme des lettres de B augmentée des $\frac{3}{4}$ d'elle-même égale $157 \frac{1}{2}$;

Le produit des 8 lettres de A augmenté des $\frac{8}{9}$ de lui-même égale 9547200 ;

Le produit des 8 lettres de B augmenté des $\frac{23}{30}$ de lui-même égale 12885600 ;

La septième lettre de A est égale à la somme des nombres suivants : $\frac{3}{7} + 1 \frac{2}{11} + \frac{7}{9} + \frac{43}{99} + \frac{39}{42} + \frac{115}{462}$;

La septième lettre de B égale $8 \frac{7}{11} \times 1 \frac{14}{19}$;

La sixième de A égale $\frac{7}{8} \times 1 \frac{1}{7}$;

La sixième de B égale le quotient de $26 \frac{2}{15} : 3 \frac{4}{15}$;

Les $\frac{2}{3}$ des $\frac{5}{4}$ des $\frac{5}{6}$ de la 5e de B égalent $3 \frac{3}{4}$.

Les $\frac{5}{6}$ du $\frac{1}{5}$ des $\frac{11}{15}$ du $\frac{1}{4}$ de la 5e de B égalent $1 \frac{1}{54}$;

La quatrième de B égale la sixième de A ;

La quatrième de A égale la cinquième de B ;

Les $\frac{5}{6}$ des $\frac{3}{7}$ des $\frac{7}{15}$ des $\frac{2}{9}$ de la troisième de A égalent $\frac{4}{9}$;

Le tiers et demi de la 3e de B divisé par $6 \frac{2}{3} = 1 \frac{7}{20}$;

La troisième de A divisée par la deuxième de A $= 1 \frac{1}{3}$;

La deuxième de B divisée par les $\frac{2}{7}$ des $\frac{11}{12}$ de $\frac{4}{5} = 4 \frac{17}{22}$;

Le produit des 7 dernières de A augmenté des $\frac{15}{18}$ de lui-même égale 712800 ;

Le produit des 7 dernières de B augmenté des $\frac{11}{12}$ de lui-même égale 1159200.

58. Cherchez un mot de six lettres qui soient telles que :

1° La première multipliée par $6\frac{2}{5}$;

2• La deuxième multipliée par 8 ;

3° La troisième multipliée par $1\frac{1}{4}$;

4° La quatrième divisée par $6\frac{1}{2}$;

5° La cinquième divisée par $4\frac{1}{5}$;

6° La sixième multipliée par 2 fois les $2\frac{2}{3}$ de $\frac{3}{4}$;

Forment par ordre le mot *Thèbes*.

59. Cherchez encore un mot composé de six letttres qui soient telles que :

1° Si on divise 378 par la 1re multipliée par $5\frac{1}{4}$;

2° La deuxième multipliée par $28\frac{8}{17}$ et divisée par $22\frac{88}{85}$;

3° Si vous divisez $10\frac{4}{23}$ par le quotient de la 3e divisée par $11\frac{1}{2}$;

4° Si vous divisez $\frac{75}{376}$ par le quotient de la 4e divisée par $25\frac{11}{15}$;

5° Si vous divisez 55 par le produit de la 5e multipliée par $\frac{55}{72}$;

6° Si vous prenez la $\frac{1}{2}$ des $\frac{2}{3}$ des $\frac{3}{4}$ des $\frac{5}{6}$ des $\frac{8}{15}$ de 9 fois la sixième ;

Vous formerez le mot *Homère*.

60. Le second B fut cause de la guerre qui détruisit la première A.

Ces deux noms A et B se composent chacun de cinq lettres.

Le produit des 5 lettres de A égale $12500 \times 19\frac{11}{25}$;

La somme de B égale le quotient de $375\frac{1}{7}$ divisé par $5\frac{121}{444}$;

Le quart de la 1re de A multiplié par 8 égale le quart de la 1re de B multiplié par 10 et la somme de ces deux lettres égale 36 ;

La 2e de A égale le quotient de $46\frac{11}{16}$ divisé par $2\frac{10}{32}$;

La 2e de B divisée par les $\frac{2}{3}$ de $\frac{7}{8}$ égale $2\frac{6}{7}$;

Le tiers de la 3e de A divisé par le tiers de la 3e de B égale $\frac{5}{6}$;

La 5e de A est égale à la somme des fractions suivantes :

$$\frac{2}{7} + \frac{11}{18} + \frac{7}{30} + \frac{28}{33} + \frac{21}{35} + \frac{48}{55} + \frac{59}{63} + \frac{2121}{5465};$$

La 5e de B égale le quotient de $654\frac{37}{96}$ divisé par $34\frac{805}{1824}$.

61. Le premier A fut un roi célèbre du second B. Ces deux noms se composent chacun de cinq lettres.

Le produit de A décomposé dans ses facteurs premiers donne : 2. 3. 3. 3. 3. 5. 5. 7. 19;

Le produit de B également décomposé dans ses facteurs premiers donne : 2. 2. 2. 2. 2. 3. 3. 5. 5. 19;

La 1re de A divisée par la 1re de B donne pour quotient la plus petite expression de la fraction $\frac{1875}{10000}$;

La 2e de A qui est 5 fois plus forte que la 2e de B est le quotient de $2875\frac{57}{80}$ divisé par $115\frac{57}{2000}$;

La 3e de A qui est égale à la 3e de B est un facteur qui multiplié par le tiers de $108\frac{8}{9}$ donne pour produit $653\frac{1}{3}$;

La 4e de A qui est de 2 unités plus grande que la 4e de B est le nombre qu'on trouverait en multipliant $168\frac{6}{7}$ par $\frac{7}{8}$, en divisant ce produit par 6 et en retranchant du quotient $3\frac{5}{8}$.

4. Fractions décimales.

62. Cherchez un mot composé de six lettres qui soient telles que :

1° La première augmentée de $1{,}293 + 0{,}342 + 0{,}708 + 1{,}643 + 1{,}014$;

2° La deuxième augmentée de $?{,}3698$ et diminuée de $0{,}59 + 1{,}792 + 0{,}8274 + 0{,}1604$;

3° La troisième augmentée de $0{,}2 + 0{,}327 + 0{,}1927 + 0{,}27654 + 0{,}00376$;

4° La quatrième augmentée de $1{,}680384 + 0{,}123456 + 0{,}23456 + 0{,}3456 + 0{,}456 + 0{,}56 + 0{,}6$;

    5° La cinquième augmentée de $0,00824 + 1,0647 + 0,398 + 0,78 + 0,4 + 0,94 + 0,46 + 0,94906$;

    6° La sixième diminuée de $3,295$ et augmentée de $0,00001 + 0,00021 + 0,00321 + 1,04321 + 0,54321 + 1,70515$;

    Forment le mot *Messie*.

63. Cherchez un mot composé de cinq lettres qui soient telles que :

    1° La première multipliée par $2,549$ et augmentée de $5,353$;

    2° La deuxième divisée par $5,12$ et diminuée de $1,9296875$;

    3° La troisième multipliée par $3,6$;

    4° La quatrième divisée par $2,333.....$;

    5° La cinquième divisée par $3,6$;

    Forment le mot *Marie*.

64. Cherchez un mot composé de sept lettres qui soient telles que :

    1° La première multipliée par $4,928$ et augmentée de $0,216$;

    2° La deuxième multipliée par $1,9876$ et augmentée de $0,1116$;

    3° La troisième divisée par $6,4$ et augmentée de $0,53125$;

    4° La quatrième multipliée par $4,8947$ et diminuée de $4,4735$;

    5° La cinquième divisée par $2,56$ et diminuée de $2,03125$;

    6° La sixième multipliée par $1,643$ et diminuée de $3,645$;

    7° La septième multipliée par $1,094$ et augmentée de $2,684$;

    Forment le mot *Orateur*.

65. Cherchez un mot composé de cinq lettres qui soient telles que :

    1° La première multipliée par $0,024$ et divisée par $0,02$;

    2° La deuxième diminuée de 3 et multipliée par $0,0625$;

    3° La troisième augmentée de $6,9872$ et divisée par $10,9936$;

    4º La quatrième multipliée par 5,427 et divisée par
7,236 ;

    5º La cinquième augmentée de 8,975 et divisée par 2,795;
Forment le mot *Fable*.

66. Cherchez un mot composé de sept lettres qui soient
telles que :

    1º La première multipliée par 0,00054 et divisée par
0,00234 ;

    2º La deuxième augmentée de 17,1975 et divisée par
2,1465;

    3º La troisième augmentée de 8,879 et divisée par 1,683;

    4º La quatrième divisée par 1,8;

    5º La cinquième divisée par 1,25;

    6º La sixième diminuée de 2,043 et divisée par 1,773;

    7º La septième diminuée de 4,003875 et divisée par
0,199225 ;
Forment le mot *Comédie*.

67. Cherchez une ville dont le nom est composé de six lettres qui sont telles que :

    1º La première multipliée par 54,60073 et divisée par
20,11606 ;

    2º La deuxième multipliée par 50,652 et divisée par
12,06 ;

    3º La troisième multipliée par 5,20353 et divisée par
8,09438 ;

    4º La quatrième multipliée par 65,0655 et divisée par
17,1225 ;

    5º La cinquième multipliée par 5,7855 et divisée par
6,699 ;

    6º La sixième diminuée de 0,875 et multipliée par 1,6;
Forment le mot *Suisse*.

68. Cherchez le nom d'un inventeur célèbre, nom qui se
compose de six lettres qui sont telles que :

    1º La première multipliée par 0,308308 et divisée par
0,14014;

    2º La deuxième multipliée par 0,2 ;

3° La troisième multipliée par 3,22332 et divisée par 15,04216 ;

4° La quatrième diminuée de 9,3125 et multipliée par 0, 64 ;

5° La cinquième multipliée par 1,8 ;

6° La sixième multipliée par 0,977 et diminuée de 3,586 ;

Forment le mot *Vaccin*, dont il découvrit les propriétés salutaires.

69. Je suis une commune qui donnai mon nom à une victoire célèbre. Je me compose de quatre lettres qui sont telles que :

1° La première augmentée de 7,384 et multipliée par 0,06103515625 ;

2° La deuxième divisée par 4,4 ;

3° La troisième multipliée par 0,5 ;

4° La quatrième multipliée par 0,04 et diminuée d'une unité ;

Donnent respectivement les 4 chiffres du nombre 1590, date de cette victoire.

70. Si vous voulez connaître le nom de l'inventeur de la poudre à canon, cherchez ce nom qui est composé de cinq lettres qui sont telles que :

1° La première multipliée par 15,795 et divisée par 2,43 ;

2° La deuxième multipliée par 0,42 et divisée par 0,028 ;

3° La troisième multipliée par 5,265 et divisée par 1,755 ;

4° La quatrième divisée par 1,0714285-714285..... ;

5° La cinquième multipliée par 0,3571428-571428..... ;

Forment le mot *Moine*.

71. Cherchez un mot de dix lettres qui sont telles que :

1° La première diminuée de $3\frac{3}{8}$ et divisée par $\frac{45}{56}$;

2° La deuxième augmentée de $25\frac{17}{48}$ et divisée par $1\frac{119}{144}$;

3° La troisième multipliée par 0,0625 et divisée par $\frac{1}{20}$;

4° La quatrième multipliée par 1,1111..... ;

5° La cinquième multipliée par 0,555..... ;

6° La sixième augmentée de 5,85 et divisée par 1,45 ;

7° La septième divisée par $\frac{7}{8}$ et diminuée de 3,714285-714285..... ;

8° La huitième divisée par 3,6 ;

9° La neuvième multipliée par $\frac{11}{18}$ et divisée par $\frac{11}{36}$;

10° La dixième divisée par 0,714285-714285..... ;

Forment le mot *Guttemberg*.

72. Le nom de la ville où est né Guttemberg se compose également de dix lettres qui sont telles que :

1° La première diminuée de 5 et divisée par 2 ;

2° La deuxième multipliée par $5\frac{4}{35}$ et divisée par $4\frac{128}{147}$;

3° La troisième multipliée par 1,111..... ;

4° La quatrième divisée par 0,05 ;

5° Augmentée de $3\frac{7}{8}$, multipliée par 4,45 et divisée par 20,35875 ;

6° La sixième divisée par 0,153846-153846..... ;

7° La septième multipliée par 0,1333..... ;

8° La huitième multipliée par 0, 238095-238095..... ;

9° La neuvième augmentée de $7\frac{11}{45}$ multipliée par $4\frac{5}{9}$ et divisée par $\frac{23388}{3045}$;

10° La dixième diminuée de $3\frac{11}{18}$ divisée par $\frac{15}{92}$ et multipliée par $\frac{945}{2806}$;

Forment encore le mot *Guttemberg*.

73. Cherchez un mot composé de 8 lettres qui sont telles que :

1° La 1re divisée par 0,125 ;

2° La 2e divisée par 1,875 ;

3° La 3e divisée par 2,333..... ;

4° La 4e divisée par 1,83333..... ;

5° La 5e augmentée de 16375 et multipliée par 0,00054931640625 ;

6° La 6e divisée par 0,875 ;

7° La 7e divisée par 0,3125 ;

8° La 8e divisée par 3,8 ;

Forment le mot *Philippe* (Auguste) 1214.

74. Cherchez un mot de 8 lettres qui sont telles que :

1° La 1re augmentée des $\frac{7}{8}$ d'elle-même et divisée par 1,875 ;

2° La 2e diminuée de son tiers ;

3° La 3e augmentée des $\frac{12}{25}$ d'elle-même et divisée par 4,44 ;

4° La 4e diminuée de ses deux septièmes et divisée par $\frac{5}{14}$;

5° La 5e augmentée des $\frac{15}{38}$ d'elle-même et multipliée par 0,4905660377358-4905........ ;

6° La 6e divisée par 0,06666...... ;

7° La 7e augmentée des $\frac{13}{20}$ d'elle-même et multipliée par $\frac{70}{33}$;

8° La 8e augmentée des $\frac{3}{7}$ d'elle-même et divisée par $\frac{5}{14}$;

Forment le mot *Clermont*.

75. Cherchez un mot de 8 lettres qui sont telles que :

1° La 1re augmentée des $\frac{5}{6}$ d'elle-même et divisée par $\frac{143}{36}$;

2° La 2e augmentée des $\frac{7}{9}$ d'elle-même et multipliée par 10,125 ;

3° La 3e diminuée des $\frac{11}{15}$ d'elle-même et multipliée par 0,03205128 205128...... ;

4° La 4e augmentée des $\frac{7}{11}$ d'elle-même et divisée par $\frac{81}{77}$;

5° La 5e augmentée des $\frac{11}{85}$ d'elle-même et multipliée par 0,2472527-472527.... ;

6° La 6e augmentée des $\frac{20}{21}$ d'elle-même et divisée par $1\frac{37}{5}$;

7° La 7e augmentée des $\frac{11}{12}$ d'elle-même et divisée par $\frac{23}{108}$;

8° La 8e diminuée des $\frac{3}{7}$ d'elle-même et augmentée de 11 unités ;

Forment le mot (*François*) premier.

76. La date du fait précédent est le diminuende d'une soustraction dont le diminueur est 372 et dont la somme du diminuende, du diminueur et du reste égale 2030.

Celle du n° 74 est la racine carrée de 1199025.

77. Je suis célèbre par une grande victoire remportée par les Français ; mon nom se compose de 9 lettres dont la somme indique le prix de vente d'une marchandise qu'on a payée 94,16 $\frac{2}{3}$ fr. et sur laquelle on veut gagner 20 p.0|0.

Le produit diminué de 5600 est le carré parfait de 59080.

La 1re lettre est le 4e terme de la proportion par quotient 28 : 48 $\frac{4}{11}$ :: 11 : x ;

La somme divisée par la 2e égale 7,5333..... ;

La 4e est le taux auquel on a prêté 25000 fr. qui ont rapporté au bout d'un an, capital et intérêts réunis, 26500 fr. ;

Le produit des 4 premières lettres égale 20520 ;

Celui des 8 premières lettres égale 232696800 ;

La 5e est le taux auquel on a prêté 3996 fr. qui ont rapporté au bout de 5 mois, capital et intérêts réunis, 4079,25 fr. ;

La 6e indique le nombre d'ouvriers qu'il faudrait employer pour faire 375 mètres d'ouvrage en 36 jours alors que 54 ouvriers de même force ont employé 24 jours pour faire 750 mètres ;

La 7e est le nombre de jours que mettraient 15 ouvriers travaillant 8 $\frac{1}{2}$ heures par jour pour faire 369 mètres d'ouvrage alors que 24 ouvriers de même force travaillant 10 heures par jour ont employé 5 $\frac{45}{82}$ jours pour faire 400 mètres.

La date de cette grande bataille est la racine carrée de 3455881.

78. Je suis célèbre par une grande victoire des Français sur les Espagnols.

Mon nom se compose de 9 lettres ;

Avec l'intérêt que me rapporte une propriété évaluée à 37,800 fr. et placée au taux marqué par la 1re lettre, je paye mon loyer qui s'élève à 575 fr., j'achète une pièce de vin de 375 fr. et je me fais cadeau d'un habillement complet coûtant 184 fr. ;

Mais si je place la même somme au taux indiqué par la.

2e lettre, outre les dépenses précédentes, je pourrais entretenir pendant 240 jours un cheval qui me coûterait 3,15 fr. par jour;

En vendant cette même propriété au prix évalué plus haut et plaçant le capital dans le commerce, il me rapporterait au taux exprimé par la 3e lettre une somme qui me permettrait outre les dépenses précédentes, de faire un voyage de 2 mois pendant lesquels je pourrais dépenser 13,50 fr. par jour (30 jours par mois) de m'abonner à 3 journaux coûtant chacun 15,75 fr. par trimestre, de louer une jolie campagne pour 1890 francs et de placer 2025 fr. qui me resteraient pour doter ma fille;

La 4e lettre augmentée des $\frac{5}{8}$ d'elle-même égale 14 $\frac{5}{8}$;

La 5e diminuée des $\frac{6}{7}$ d'elle-même égale 2 $\frac{5}{7}$;

La somme des 9 lettres est le nombre qui manque à 274 pour égaler 379;

La 7e exprime le nombre de bouteilles de vin à 20 sous qu'il faut ajouter à 5 bouteilles à 37 sous pour faire un mélange qui revienne à 25 sous la bouteille;

La 8e indique le taux auquel était placée une somme de 9875 fr. et qu'on a remborsée au bout de 9 mois par 10245,31 $\frac{1}{4}$ (capital et intérêts réunis).

La 9e diminuée des $\frac{11}{12}$ d'elle-même égale 1 $\frac{7}{12}$;

Si vous divisez la date du fait passé dans cette ville par la somme des 9 lettres vous trouverez pour quotient 14,7047619-047619.......

79. Je suis un personnage célèbre du régne de Louis XIV. Mon nom se compose de 7 lettres.

Le produit des 7 lettres divisé par leur somme égale 25920 et si dans cette division on ajoute le dividende, le diviseur et le quotient, on trouve pour somme 1969995;

Le produit des 6 premières décomposé dans ses facteurs premiers donne : 2. 2. 2. 2. 3. 3. 3. 3. 3. 5. 5. ;

La somme des 7 lettres divisée par la 6e égale 4,1666...;

La 5e divisée par la somme égale 0,0666.... ;

Le produit des 4 dernières égale 3600 ;

La somme des 5 dernières est le prix de 15 mètres d'étoffe à $3\frac{4}{5}$ fr. le mètre :

La 2e est le nombre de mètres d'étoffe qu'on peut avoir pour 170,70 fr. cette étoffe coûtant 11,38 fr. le mètre.

80. Mon nom rappelle une des plus belles victoires de Napoléon. Il se compose de 7 lettres.

Le produit de ces 7 lettres divisé par leur somme égale 23560, 27397260-27397260...... et la somme du dividende du diviseur et du quotient égale 1743533, 27397260-27397260..... ;

La 1re lettre est un produit dont le multiplicande est $11\frac{4}{5}$ et le multiplicateur $1\frac{6}{59}$;

La 3e est le 1er terme d'une proportion par quotient dont les trois autres sont : 36,75 :: 30 ; 61,25 ;

Le produit des 3 premières lettres égale 234 ;

Le produit des 6 premières égale 114660 ;

La somme des 5 premières égale 51 ;

La 5e est le nombre de jours qu'il faudrait à deux ouvriers réunis pour faire un ouvrage en supposant que le premier seul l'eût fait en 24 jours et le second en $33\frac{3}{5}$;

L'année de cette mémorable victoire représente l'intérêt que rapporterait 40000 fr. à $4\frac{1}{2}$ p. 0|0 ;

Le mois est le taux auquel on aurait placé 68724 fr. pour avoir un revenu de 4123,44 fr.;

Le jour est la racine carrée de 196.

81. Dans cette glorieuse journée Napoléon eut la douleur de voir périr un de ses plus braves généraux, qu'il affectionnait le plus. Le nom de ce brave se compose de 6 lettres dont le produit diminué de 284 est le carré de 286, et la somme est la racine cubique de 238328.

Le produit des 5 premières est le prix de $268\frac{4}{17}$ mètres à raison de 12,75 fr. le mètre ;

La somme des 5 dernières est le nombre de mètres d'ou-

vrage qu'on pourrait faire exécuter avec 1244,10 fr.,
à raison de 21,45 fr. le mètre;

Le produit des 4 premières exprime le nombre de bouteilles de vin qu'on pourrait avoir pour 254,60 fr., à
raison de 0,67 fr. la boutcille;

La somme des 4 dernières augmentée des $\frac{5}{16}$ d'elle-même
égale 69,5625;

La 4e est égale au produit de 0,0244140625 par 40,96.

82. Né de basse extraction, je fus pendant quelque temps
maître absolu d'un puissant pays; mon nom se compose
de 8 lettres dont le produit diminué de 4775 serait le carré
de 13205.

Le produit divisé par la somme égale 1726502,9702-97....

Le produit des 7 premières est le capital qui, placé à
$2\frac{1}{2}$ p. 0|0, rapporterait au bout de 8 mois 242190 fr.;

La somme des 7 dernières est la racine carrée de 9604;

Le produit des 6 premières est le nombre de mètres que
feraient 2545 ouvriers pendant $158\frac{308}{500}$ jours si chaque
ouvrier fait 3 mètres par jour;

La somme des 6 dernières est le nombre d'ouvriers qu'il
faudrait employer pour terminer en 15 jours un ouvrage qu'une troupe de 45 ouvriers de même force
ferait en $26\frac{2}{3}$ jours;

Le produit des 5 premières est le capital qui, placé à
$2\frac{1}{2}$ p. 0|0, rapporte 6054,75 fr. de revenu annuel;

La somme des 5 dernières est le nombre de jours qu'emploieraient 95 ouvriers travaillant 8 heures par jour
pour faire 675 mètres d'ouvrage, alors qu'une autre
troupe de 45 ouvriers de même force travaillant 10
heures par jour ont employé $153\frac{34}{45}$ jours pour faire
945 mètres;

La 5e lettre augmentée des $\frac{9}{80}$ d'elle-même égale 43,7.

83. Grand général de Louis XIV, mon nom se compose de
7 lettres dont le produit diminué de 4220 est le carré de
3122.

La 7e lettre est la racine cubique de 6859;

La 1ʳᵉ est le prix de revient d'un mélange composé de 3 bouteilles de vin à 17 sous et de 5 bouteilles à 25 sous ;

La 6ᵉ exprime le nombre d'ouvriers qu'il faudrait employer pour faire 356 mètres d'ouvrage en 3 jours $4\frac{20}{45}$ heures en supposant que chaque ouvrier travaille 9 heures par jour et fasse $\frac{5}{8}$ de mètre par heure ;

La 2ᵉ multipliée par 10 est la racine cubique de 729000 ;

La 5ᵉ est égale au produit de 0,000244140625 par 4096 ;

La 3ᵉ et la 4ᵉ sont égales.

84. Le général du Nᵒ précédent remporta chez moi une brillante victoire. Mon nom se compose de 6 lettres dont le produit élevé au cube égale 43912253952000.

Le produit des 5 premières est l'intérêt de 72000 francs à $3\frac{1}{2}$ p. 0|0.

Le produit des 4 premières est le nombre de jours qu'emploieraient 2 troupes réunies pour faire un ouvrage, alors que séparées, l'une aurait employé 700 jours et l'autre $466\frac{2}{3}$ jours ;

Le produit des 3 premières est égal au produit des 4 premières ;

Celui des 4 dernières est le prix de $138\frac{6}{17}$ mètres d'étoffe à raison de 12,75 francs le mètre ;

La 2ᵉ lettre est le taux auquel on a prêté un capital de 29875,75 francs qui a rapporté $1493,78\frac{3}{4}$ fr. d'intérêt au bout d'un an ;

Vous trouverez la date de cette grande victoire en cherchant le prix de $97\frac{3}{11}$ mètres d'étoffe à raison de $17\frac{3}{5}$ fr. le mètre.

85. Je suis une ville de Hollande célèbre par un glorieux traité de paix qui y fut conclu. Mon nom se compose de 7 lettres.

Si vous divisez le produit par la date de ce traité, vous trouverez 34416 pour quotient et 1098 pour reste, et la somme du dividende du diviseur et du quotient égale 58441163 ;

Le produit des 6 premières diminué de 1134 est le carré
de 2304;

Le produit des 6 dernières divisé par 55 égale 58995;

La somme des 2 dernières est le nombre de jours qu'il
faudrait à 56 ouvriers travaillant 8 heures par jour
pour faire 600 mètres d'ouvrage, alors que 65 ouvriers
de même force travaillant 10 heures par jour ont mis
$16 \frac{46}{105}$ jours pour faire 1000 mètres;

La somme des 2 premières est le nombre d'ouvriers travaillant 9 heures par jour qu'il faudrait employer
pendant 15 jours pour faire 175 mètres d'ouvrage,
alors qu'une autre troupe de 40 ouvriers de même
force mais travaillant 10 heures par jour ont mis $20 \frac{44}{56}$
pour faire 250 mètres;

Si vous retranchez 4 de la 4e vous trouverez pour reste
la 3e et dans cette soustraction la somme du diminuende, du diminueur et du reste, égale 46.

86. Je suis une ville du nord de la France, célèbre par une
grande bataille gagnée par les Français. Mon nom se compose de 6 lettres dont le produit diminué de 464 est le
carré de 254.

Le produit des 5 premières est la racine carrée de
29322225;

Le produit de la 1re multipliée par la dernière est la racine cubique de 46656;

La 2e augmentée des $\frac{53}{168}$ d'elle-même serait la somme
des fractions suivantes : $\frac{8}{18} + \frac{4}{12} + \frac{4}{21} + \frac{11}{24} + \frac{2}{7} + \frac{5}{252}$;

Le produit des 3 premières est la racine cubique de
185193;

Le produit des 4 premières est le prix de $656 \frac{4}{11}$ mètres
d'étoffe à raison de $1 \frac{13}{20}$ fr. le mètre.

87. Je suis un grand général de Louis XIII. Mon nom se
compose de 7 lettres dont le produit, diminué de 117963,
est le cube de 333.

Le produit des 3 premières est la racine carrée de
57153600;

96. Je suis en Autriche un lieu célèbre par une grande victoire; mon nom se compose de 10 lettres dont le produit diminué de 31104000 est le nombre de secondes contenues dans 186 ans;

La 1re est égale au produit de 0,0126953125 par 1024;

Le produit des 9 premières est la somme que coûterait 1 réseau de chemin de fer long de 3276 kilomètres, dont les frais de construction s'élèveraient à 120000 fr. par kilomètre;

Le produit des 8 premières est le prix de 550 locomotives payées à raison de 59563,636363... chacune;

Le produit des 7 premières est le prix de 182 voitures à raison de 15000 fr. chacune;

Le produit des 6 premières est le nombre d'heures qu'a vécu une personne âgée de $62\frac{24}{73}$ ans;

Le produit des 5 premières est le capital qui, placé à $4\frac{7}{8}$ p. 0|0 rapporte annuellement 13308,75 fr.;

La 7e augmentée des $\frac{5}{6}$ d'elle-même et multipliée par la 2e égale 137,50;

La 5e diminuée des $\frac{5}{6}$ d'elle-même et multipliée par la 2e égale 12,50;

La 4e divisée par la 8e égale 1,666.....

97. Je suis aussi une commune d'Autriche célèbre par une grande victoire; mon nom se compose de 7 lettres dont le produit contient la somme $224754\frac{0}{17}$ fois; si vous ajoutez le produit avec la somme et avec le nombre de fois que le produit contient la somme, vous obtiendrez $19328959\frac{0}{17}$.

Le produit des 6 premières diminué de 43541 est le cube de 139;

La somme des 5 dernières est la racine cubique de 512000;

Le produit des 5 premières diminué de 459 est le carré de 441;

La somme des 5 dernières est la racine cubique de 226981;

Le produit des 4 premières est la racine carrée de 469155600;

La somme des 4 dernières est la racine cubique de 74088.

98. Vous obtiendrez les dates des 2 dernières victoires : La première en cherchant le nombre de mètres d'un canal que feraient en 160 jours 24 ouvriers travaillant 10 heures par jour, si ce canal doit avoir 12,45 mètres de largeur et 3,75 de profondeur, alors que 18 ouvriers en 250 jours, travaillant 9 heures par jour, ont fait $1932\frac{1410}{17408}$ mètres d'un autre canal ayant 12,75 mètres de largeur et 3,60 de profondeur.

La seconde date est le nombre de mètres d'un canal que feraient en 180 jours 22 ouvriers travaillant $9\frac{1}{2}$ heures par jour, si ce canal doit avoir 12,75 mètres de largeur sur 3,60 de profondeur et est creusé sur un sol dont la difficulté peut être représentée par 3 alors que 12 ouvriers en 120 jours travaillant $10\frac{1}{2}$ heures par jour ont fait $417,15\frac{81}{418}$ mètres d'un autre canal qui doit avoir 12 mètres de largeur sur 4 de profondeur et se trouve sur un sol dont la difficulté peut être représentée par 5.

99. J'arrose un vaste état de l'Europe. Près de mes bords eut lieu un sanglant combat dans lequel triomphèrent les armes de la France : Mon nom se compose de 7 lettres dont le produit diminué de 8,05 est en francs la valeur de 531185 guinées d'Angleterre (une guinée vaut 26,47 francs);

Le produit des 6 premières égale en francs la valeur de 172500 pistoles d'Espagne (une pistole vaut 81,51 fr.).

Le produit des 5 premières diminué de 1,16 vaut en fr. 23824 carolins de Bavière (un carolin $=$ 25,66 fr.):

Le produit des 4 premières diminué de 0,0704 vaut en francs 7018 couronnes anglaises (une couronne vaut 5,8072 francs).

Le produit des 3 premières diminué de 1,74 égale en fr. 682 piastres d'Espagne (1 piastre $=$ 5,43 fr.);

Le produit des 2 premières diminué de 1,0462 égale en francs 167 schillings (1 schilling $=$ 1,1614 fr.);

La 1re lettre multipliée par la 3e donne un produit qui, diminué de 0,18 vaut en fr. 287 lestons de Bavière (1 leston $=$ 0,86 fr.).

100. Mon nom qui se compose de 8 lettres, après avoir deux fois, en moins d'un siècle, ramené l'ordre et la sécurité dans une belle contrée de l'Europe ; a élevé ce pays au premier rang des nations militaires et commerciales.

Le produit de mes huit lettres est composé des facteurs premiers 2. 2. 2. 2. 2. 2. 2. 2. 3. 3. 3. 5. 5. 5. 7. 7 ;

Le produit des 7 premières divisé par 249,75 égale 12108 $\frac{4}{37}$;

Le produit des 7 dernières multiplié par 859 $\frac{4}{25}$ égale 36373397760 ;

La 2e lettre est l'inconnue de la proportion $x : 3,75 :: 5,60 : 21$;

La 3e est le prix de 6 $\frac{8}{9}$ mètres d'étoffe à raison de 2 $\frac{10}{31}$ fr. ;

Le produit des 4 premières augmenté des $\frac{3}{4}$ de lui-même est le prix de 1547 $\frac{17}{48}$ mètres d'ouvrage à raison de 3 $\frac{4}{5}$ fr. le mètre ;

La 5e augmentée des $\frac{7}{8}$ d'elle-même est le nombre de mètres de drap qu'on aurait pour 284,62 $\frac{1}{2}$ francs si 1 mètre coûtait 12,65 fr. ;

Le produit des 2 dernières est la racine cubique de 117649.

FIN

Arras, typ. Schouthcer, rue des Trois-Visages.

Arras, typ. Schoutheer, rue des Trois-Visages, 53.

www.ingramcontent.com/pod-product-compliance
Ingram Content Group UK Ltd.
Pitfield, Milton Keynes, MK11 3LW, UK
UKHW022120070726
13613UKWH00003B/1179